TIANRAN CHANWU FENLI CHUNHUA YU
HUOXING YANJIU

JIYU ZISU JINGYOU、HETAOQINGPI DUOTANG YU HUANGTONG DE SHENRU YANJIU

天然产物分离纯化与活性研究

基于紫苏精油、核桃青皮多糖与黄酮的深入研究

李 娜 著

中国纺织出版社有限公司

内 容 提 要

本书是编者在总结多年天然产物分离纯化、生物活性研究的基础上编写而成的，主要研究紫苏精油、核桃青皮多糖与核桃青皮黄酮的提取工艺、分离纯化方法、主要类型化学成分鉴定、生物活性以及相应功能产品的构建等。

全书共四篇。第一篇总论介绍了植物精油、多糖和黄酮的基本知识以及研究现状。第二篇到第四篇分别介绍了紫苏精油、核桃青皮多糖和核桃青皮总黄酮分离纯化与生物活性的相关研究。编写中力求体现其全面性、逻辑性和科学性，同时反应植物精油、植物多糖和植物黄酮研究的新成果和新进展。

本书可供从事植物天然产物提取、纯化、生物活性鉴定以及功能产品构建的科研人员参考。

图书在版编目（CIP）数据

天然产物分离纯化与活性研究：基于紫苏精油、核桃青皮多糖与黄酮的深入研究 / 李娜著 . -- 北京：中国纺织出版社有限公司，2025.8. -- ISBN 978-7-5229-2904-0

Ⅰ. 0629

中国国家版本馆 CIP 数据核字第 2025JM8259 号

责任编辑：罗晓莉　国　帅　　责任校对：王花妮
责任印制：王艳丽

中国纺织出版社有限公司出版发行
地址：北京市朝阳区百子湾东里 A407 号楼　邮政编码：100124
销售电话：010—67004422　传真：010—87155801
http://www.c-textilep.com
中国纺织出版社天猫旗舰店
官方微博 http://weibo.com/2119887771
三河市宏盛印务有限公司印刷　各地新华书店经销
2025 年 8 月第 1 版第 1 次印刷
开本：710×1000　1/16　印张：12.5
字数：205 千字　定价：98.00 元

前　言

随着人们生活水平的提高和健康意识的增强，绿色食品和可持续发展的环保消费观念逐步深入人心，天然产物的开发与利用日益受到重视，目前已成为世界各国科学研究的重要领域之一。植物天然产物，如植物精油、植物多糖、植物黄酮等，作为大自然馈赠的宝贵资源，具有极其广泛的生物活性，如抗氧化性、抑菌活性、抗炎活性等，这些活性成分的开发为人类的健康与福祉提供了无尽的可能。本书正是在这一背景下应运而生，系统阐述紫苏精油、核桃青皮多糖与黄酮这三类天然产物的分离纯化、活性评估及其潜在的应用价值，旨在为读者提供一个全面、深入且实用的天然产物研究指南。

本书的重点内容主要包括以下四个方面：一是对植物精油、植物多糖和植物黄酮的基本理论知识以及研究现状的概述；二是紫苏精油提取、组成成分鉴定、抗氧化、抑菌活性以及功能产品构建的相关研究；三是核桃青皮多糖的提取及工艺优化、分离纯化方法、结构表征以及体外体内抗炎活性的探讨；四是核桃青皮黄酮的提取、分离纯化、结构表征及其体外降尿酸药理作用的深入研究。在每一部分中，本书都将详细介绍实验材料、实验方法、结果及讨论，以期为读者提供一个完整的科学研究框架。

本书在体例上注重逻辑性和条理性，每一章节都围绕一个中心主题展开，内容层层递进，便于读者理解和掌握。此外，本书注重科学性和准确性，通过引入大量的实验数据和结果分析，秉持学术诚信、勇于创新等科学精神，力求为读者展现出一个直观明了的天然产物研究与开发视角，激发更多科研人员对天然产物研究的兴趣，推动该领域的发展。同时，本书也致力于传播科学思维与实验技能，为相关专业的学生和从业者提供有力的学习参考。

本书由李娜编写和完成，受山西省应用基础研究项目（202103021223316）和山西省高等学校科技创新项目（2019L0819）的资助。在书稿整理、缮写和出版过程中，要特别感谢太原师范学院生物科学与技术学院的大力支持，感谢研究生王虹娟、冯茜等为本书稿的计算机文字处理等工作给予的帮助，也要感谢中国纺织出版社有限公司的编辑对本书的出版做了大量的工作。最后，特别感谢我的家人多年以来在学术研究上对我的关心与支持，使我能在教学工作之余有时间和精力来完成此书稿的编写工作。

由于编者学识水平有限，书中难免存在不足与疏漏之处，敬请专家和读者批评指正。

李娜

2025 年 1 月

目　录

第一篇　总论

第二篇　紫苏精油提取及其保鲜膜的制备和性能研究

第三篇　核桃青皮多糖及其对肠道炎症预防作用研究

第四篇　核桃青皮总黄酮分离纯化及其降尿酸作用研究

彩图资源

第一篇
总 论

目前，随着人们食品安全意识日益增强，绿色食品和可持续发展的环保消费观念逐步深入人心，食品安全与健康已成为当今社会的重要主题。据调查，化学合成抗氧化剂、防腐剂、动物饲料等都具有潜在毒性，存在较大的安全隐患。80%的消费者对添加到食品中的化学合成产品较为关注，50%的消费者尤为介意化学合成产品在食品工业中的应用，20%以上的消费者在购物时尽可能避免购入含有化学合成产品的食物。因此，寻找具有良好的抗氧化性和抑菌性的安全健康材料，尤其是从天然植物资源中筛选出的具有天然抗氧化成分和抑菌成分的活性材料已经成为当今研究的热点。植物精油、植物多糖、植物黄酮等，作为大自然馈赠的宝贵资源，具有极其广泛的生物活性，其开发与利用日益受到重视，目前已成为世界各国科学研究的重要领域之一。

第1章　植物精油

植物精油是一种天然的、由植物生物合成的、具有高挥发性的油状液体混合物，在植物学上将这种可以随水蒸气蒸馏出来的混合物称为精油或香精油。精油作为植物的次生代谢产物之一，主要由萜类（以单萜和倍半萜为主）、芳香族、脂肪族、含氮或含硫化合物等小分子易挥发的物质组成。

1.1　植物精油的分泌

植物精油是由植物自身生物合成并积累和储存在植物的分泌腺结构中。分泌或储存精油的分泌腺有两种，一种是位于植物表皮的外部分泌腺，另一种是位于植物器官内部的分泌腺。

1.1.1　外部分泌腺

（1）表皮乳头状上皮细胞

通常表现为在花瓣锥状表皮细胞中分泌，如蔷薇科植物精油。

（2）毛状腺体（分泌腺毛或刚毛）

由表皮细胞发育而来，是植物精油生物合成并累积的部位，该分泌类型是唇形科植物精油分泌的主要类型。由腺毛或刚毛分泌的精油通常在分泌细胞和角质层之间的空隙中积累［图1-1（a）~（d）］。毛状腺体有2种类型：固着型［图1-1（a）］和蔓延型。如图1-1（a）所示，牛至属植物叶片表面广泛分布有固着分泌小腺，其表皮下的空隙已经完全被精油充满。蔓延型又可分为3种类型：盾状［图1-1（b）］、头状毛状体和指状毛状体［图1-1（c）］。

（3）非毛状体分泌腺

它们的刚毛与毛状腺体相似，一些唇形科植物通常以该类型分泌精油［图1-1（f）］。

1.1.2 内部分泌腺

该类分泌腺通常位于植物组织的内部，可以分为以下3种。

（1）分泌管

即不同长度的小导管 ［图1-1 （e）］，有的可以延伸到整个植物的长度，这些小的导管通常可形成由固定分泌细胞组成的细胞壁结构（伞形科）。

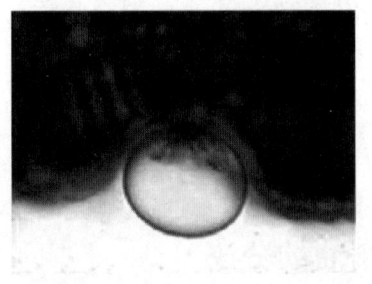
（a）牛至属植物叶片表面的固着型毛状腺体

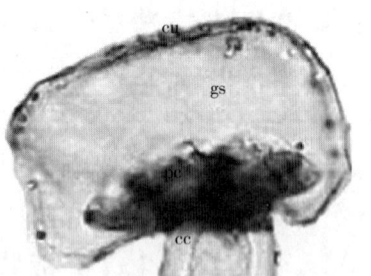
（b）盾状的蔓延型毛状腺体

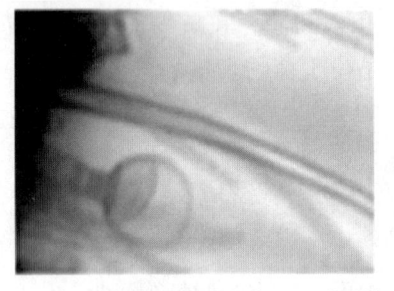
（c）薰衣草分泌精油的指状蔓延型毛状腺体

（d）香叶天竺葵的分泌刚毛

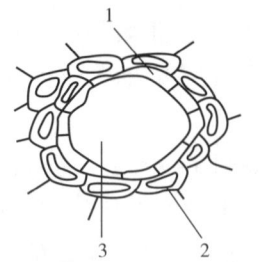
（e）海岩松叶片分泌管腺体横截面

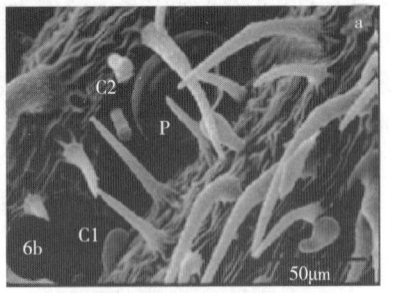
（f）姜味草属植物非毛状体分泌腺

图1-1 合成或分泌精油的植物细胞结构图

cu—角质层 gs—被精油充满的空隙 pc—外围细胞 cc—中心细胞

1—分泌细胞 2—由相邻木质化细胞形成的保护鞘 3—通道频道

（2）裂生囊（或分泌囊）

它是一个细胞间隙，通常呈球形，被边缘的细胞所分泌的精油液滴所填充。

（3）含分泌腺的细胞

它们是独立的细胞，专门在液泡内分泌和积聚精油。当精油浓度达到较高水平时，这些细胞就会死亡（例如，肉桂、月桂叶、菖蒲根等）。

1.2　植物精油基本性质

植物精油是指用适当方法从植物根茎或叶子中提取得到的挥发性油状液体。该油状液体由相对分子质量较小、沸点较低的化合物组成，而且具有浓郁的芳香性气味。精油在植物体内的分布存在差异，但一般储存根、茎、叶等组织内角状细胞的空隙中，在表皮和内部也都有分布。不同植物精油的含量和成分也因植物种类、生长季节及环境等的不同而有很大差异。

植物精油通常具有以下性质：①常温下多为液体状态且易挥发；②有强烈的芳香性气味；③比水轻，比重（20 ℃）为 0.92~0.95；④与水不混溶，可溶于石油醚、正己烷等弱极性有机溶剂中；⑤对空气、光照及温度比较敏感，极易分解变质；⑥具有一定的旋光度和折光率，旋光度为 -35~-15，折光率为 1.43~1.61；⑦沸程为 70~300 ℃。

1.3　植物精油提取方法

精油作为植物香气的主要来源，主要存在于植物的茎和叶中，也有精油分布于其果实中。目前，传统的提取植物精油的方法有压榨法、溶剂浸提法、水蒸气蒸馏法等，这些传统的提取方法设备要求较低、操作简单、成本低廉，适用于工业化大规模生产，但其提取时间长、工作量大、精油有效成分较少、气味改变的缺点降低了精油的利用价值。现代化的提取工艺主要有分子蒸馏法、同时蒸馏萃取法、微波辅助有机溶剂萃取法、超临界 CO_2 萃取法等。现代提取方法可以有效保留精油的生物活性及物质结构，且所提取的精油香味也更接近天然香味，但这些方法所需设备的成本较高，且技术性强，存在很多局限性问题。植物精油的提取率和组成成分因提取方法的不同而不同。在众多提取方法中，压榨提取法、水蒸气蒸馏法、有机溶剂浸提法、微波提取法以及超临界 CO_2 萃取法是使用最广泛的提取方法。

1.3.1 压榨提取法

压榨法是通过手工或机械手段将精油从新鲜植物的不同组织中压榨流出的方法，该方法在常温即可进行，可以有效防止精油中某些含不饱和双键的醛类和萜类化合物受热分解或变质。但是压榨法提取的精油纯度较低，含有许多大分子的非挥发性组分，需要进行进一步分离提纯，增加了工作难度。

1.3.2 水蒸气蒸馏法

水蒸气蒸馏法作为目前使用最普遍的提取方法，其优点是简单方便、操作性强、便于分离、成本较低。但该法也存在提取时间较长、某些高沸点组分不容易蒸出的缺点，此外，提取过程中需要对原料进行持续加热，必将导致部分有效成分的降解，从而影响精油的品质。林梦南等采用水蒸气蒸馏法对新鲜紫苏叶精油进行提取，并通过响应曲面法优化提取工艺，得到的最优工艺条件：浸泡时间 2 h，液料比 5∶1，蒸馏时间 3 h，NaCl 质量分数 5%，精油实际得率为 0.1517%。薛山等采用水蒸气蒸馏法、超声波辅助有机溶剂萃取法以及同时蒸馏萃取法提取紫苏叶精油，并用气相色谱—质谱（gas chromatagraph-mass spect rometry，GC-MS）法对不同精油的组成成分进行检测，结果表明：三种提取方法紫苏精油得率分别为 2.37 mg/g、2.85 mg/g、8.21 mg/g，分别检测到 46 种、26 种、27 种紫苏叶精油成分，这说明三种提取方法提取紫苏精油均具有可行性，但不同提取方法所得精油的得率、组成成分均存在差异。

1.3.3 有机溶剂浸提法

有机溶剂浸提法是利用植物天然成分在有机溶剂和水溶液中分配系数的不同而达到提取分离的目的，但是这种方法除了可以分离得到精油等挥发性成分外，还能浸提出其他非挥发性的成分，如糖类、色素、植物蜡和脂肪等，因此，浸提产品往往需要借助其他手段进一步分离纯化而得到精油。

1.3.4 微波提取法

微波提取是一个物理破碎的过程，主要利用机械效应、超声波的热效应及空化作用来提取植物内的有效成分。该方法可以增大材料的溶解度、提高释放及扩散速度，因此具有提取温度低、时间短、出油率高等优点。通过微波提取法提取出的植物精油的成分不仅包含了通过传统方法所得的全部成分，而且还包含有传统方法提取不到的沸点较高的成分。因此，该方法对于全面分析植物精油的组成成分具有显著的优势，应用前景较广阔。林梦南等以环己烷为萃取剂，采用微波提取法并通过响应面优化得出微波提取紫苏精油的最佳工艺条件：浸泡时间 56 min，料液比 1∶6，微波功率 329 W，微波时间 80 s，紫苏精油得率 1.783%。与水蒸气蒸馏法相比，微波提取得率提高了 10 倍多，而且节省时间，具有较大的优越性。

1.3.5　超临界 CO_2 萃取法

超临界 CO_2 萃取法是一种新型的提取方法，利用流体在超临界状态下的高扩散性、低黏度以及对物料的高溶解性将固体或液体中的活性成分提取分离出来。该方法具有原料利用率较高、提取时间较短、生产效率较高、没有溶剂残留以及节能减排等优点，尤其适用于提取温度敏感性物质，其提取过程中超临界压力和临界温度相对较低，不会对物质的结构和生物活性造成损害，在天然植物精油提取方面具有广阔前景。但该方法所需设备成本高，操作复杂、技术性强，加之超临界萃取仅对某些非极性和弱极性成分的提取具有优势，而对强极性或分子量较大成分则需添加夹带剂或在更高压力才能萃取得到，这给工业化带来了极大困难。于晶等通过超临界 CO_2 萃取法提取紫苏废弃物中的挥发油，得到的最佳工艺：萃取温度 56 ℃，萃取压力 26 MPa，萃取时间 77 min，挥发油得率高达 6.72%。赵凌育使用 GC-MS 法比较超临界 CO_2 萃取法和水蒸气蒸馏法所得紫苏精油的得率，结果发现：超临界 CO_2 萃取法精油得率高达 4.13%，所得精油品质高、香气纯、味浓清雅无杂气。

1.4　植物精油的组成成分

植物精油的成分极其复杂，通常由数十种到数百种化合物组成，一般可分为以下四类。

1.4.1　萜类化合物

萜类化合物是一类由异戊二烯聚合体及其衍生物构成的具有广泛生物学活性的天然药物化学成分。其中单萜、倍半萜及其含氧衍生物是植物精油萜类的主要成分，如柠檬醛、芳樟醇、薄荷酮、香茅醛等。段志兴等采用 GC-MS 鉴定出 55 种百花篙鲜花精油组分，其中萜类化合物及其衍生物共 36 种，占精油总量的 49.78%。Reis-Vasco 等从提取的薄荷精油中共检测到 21 种化合物成分，其中主要为萜类化合物，薄荷酮含量达到 80%。

1.4.2 芳香族化合物

芳香族化合物是仅次于萜类化合物的植物精油的第二大类成分，如丁香酚是丁香精油的主要成分、茴香醚是茴香精油的主要成分、丹皮酚存在于牡丹皮中，具有抗菌、消炎及抗氧化等多种生理学活性。刘晓丽等采用水蒸气蒸馏法和微波法提取丁香精油，并通过 GC-MS 法检测到 19 种精油成分，其中丁香酚含量分别占 71.56% 和 63.75%。

1.4.3 脂肪族化合物

在植物精油中还存在一些小分子的脂肪族化合物，如正庚烷存在于松节油中、甲基正壬酮存在于黄柏果实及鱼腥草精油中、正葵烷存在于桂花精油中等。除此之外，植物精油中还常含有小分子的醇类、醛类、酸类化合物，如异戊醛常存在于薄荷、柠檬、柑橘等精油中，异戊酸常存在于迷迭香、缬草等植物精油中。

1.4.4 含硫、含氮化合物

含硫、含氮化合物是一类含量较少但对精油品种影响极大的化合物，具有较强烈的刺激性气味。如姜精油中含有的二甲基硫醚，茉莉花精油中含有的邻氨基苯甲酸甲酯，大蒜精油中含有的大蒜素等。

1.5　植物精油分离纯化方法

1.5.1 柱色谱分离纯化法

柱色谱分离法又称柱层析法，利用不同化合物在固定相和流动相中分配系数的不同，当两相作相对移动时，被分离物质随流动相运动并在两相之间进行反复多次的分配，使原来较微小的分配差异产生显著的分离效果，从而使各物质按先后顺序流出色谱柱。柱色谱法主要包括大孔树脂柱色谱法、聚酰胺柱色谱法、硅胶柱色谱法、离子交换柱色谱法和凝胶柱色谱法，其中纯化植物精油常用的方法有硅胶柱色谱法和大孔树脂柱色谱法。

1.5.2　冷冻结晶法

冷冻结晶法是分离和纯化固体物质有效成分的常用方法之一，它是利用各种成分溶解度的不同而达到分离纯化的目的。利用冷冻结晶法分离纯化天然植物精油，是利用植物精油中某些组分在冰点以下温度时会以固体状结晶存在并析出，如此反复的重结晶便可得到纯品。该方法因其需在低温冷冻条件下来完成而具有独特的优势，受到研究者的密切关注，但其生产周期长，产率低，成本高的缺点限制了该法在工业中的推广应用。刘雄民等采用此方法对八角茴香精油有效成分的分离效果较好，但在紫苏精油的分离纯化中未见相关报道。

1.5.3　分子蒸馏法

分子蒸馏法是利用不同种类分子加热后逸出加热表面的平均自由程的不同而实现分离纯化的目的。该方法是一种较好的分离纯化天然产物的方法，尤其适合于对热不稳定、黏度高的化合物以及蒸汽压较低的高分子化合物。和其他传统的分离纯化方法相比，分子蒸馏法在纯化过程中可以规避有机溶剂的使用，浪费小、安全性高，同时，该方法虽然需要对被分离物质进行加热，但其加热时间短，并不会对被分离化合物造成热分解的威胁。紫苏精油作为应用于食品、医药等领域潜在的天然绿色原料，这种方法也适合对紫苏精油中的有效组分进行分离。

1.6　植物精油生理功能

植物精油具有抗氧化、抑菌、消炎、抗病毒、抗过敏、改善抑郁以及预防心脑血管和肝脏疾病等多种生物功能，因此具有较高的应用价值。

1.6.1　抗氧化活性

刘小琴等采用比色法测定紫苏精油对超氧阴离子自由基（O_2^-）的清除作用，结果表明，紫苏精油可以有效抑制 O_2^- 的生成，且随着精油浓度的增大其清除率逐渐增大。姚秀玲等通过研究紫苏精油体外用药对模式小鼠肝匀浆脂质过氧化物生成的抑制作用，结果表明，紫苏精油对肝匀浆脂质过氧化物的抗氧化性显著高于维生素 C。任永欣等研究了紫苏精油的抗炎作用及机理，得出高浓度的紫苏精油可以降低去肾上腺模式大鼠的角叉菜胶肿胀足中丙二醛（malondialdehyde，MDA）的含量，同时对角叉菜胶性胸膜炎大鼠胸腔渗出液中的一种不稳定自由基—氧化氮（NO）也有显著抑制作用。王健等通过研究紫苏精油对 DPPH·自由基和·OH 自由基的清除能力，初步发现得益于多种组成成分的协同作用。不同部位制得的精油由于其主要成分及微量成分的差异而使其抗氧化活性产生不同。紫苏精油不仅具有清除超氧阴离子自由基、羟基自由基、DPPH 自由基等的作用，而且比目前公认的抗氧化物质（抗坏血酸）的清除率还要高。

1.6.2　抑菌消炎活性

植物精油化学成分中多含有不饱和双键化合物，如柠檬烯、柠檬醛、石竹烯等。柠檬醛等对皮肤丝状真菌、细菌的生长均具有抑制作用。通过研究紫苏精油对 TNF-α 诱导的内皮细胞表面 ICAM-1 表达的影响，初步推断精油可能是降低了血管白细胞与内皮细胞的黏附作用，抑制白细胞向血管外流动，从而发挥抗炎作用。田军等研究了中国 11 个地区不同品种紫苏的抑菌活性，结果表明，不同紫苏品种对黄曲霉、米曲霉、黑曲霉、米根霉、链格孢等霉菌均具有不同程度的抑制作用；林硕等采用抑菌圈法、最小抑菌浓度（minimum inhibitory concentration，MIC）法及光电浊度法分别对大肠杆菌和枯草芽孢杆菌进行抑菌研究，结果表明，紫苏精油对大肠杆菌和枯草芽孢杆菌等多种细菌均具有抑制作用，但对枯草芽孢杆菌的抑菌效应显著强于大肠杆菌。吴新等将紫苏精油的单体成分分离出来并对常温贮藏草莓时果实腐烂进行研究，证明紫苏醛等多种单体处理均能显著抑制贮藏中草莓果实的腐烂，适宜浓度的精油处理可以有效抑制草莓在低温存储过程中质量的损失及硬度的下降，可以有效保持草莓可滴定酸、可溶性固形物、总糖以及维生素 C 的含量水平，从而有效保持草莓品质及商业价值。

1.6.3　防虫杀虫活性

随着人们对天然绿色食品的青睐，植物精油作为一种天然绿色的无公害型农药的来源之一而备受关注。利用植物精油预防和控制病虫害对于开展生物害虫的生态调控具有广阔的应用前景。李红艳等将紫苏精油应用于腌肉和咸鲞害虫丝光绿蝇的熏蒸试验，测定发现，紫苏精油对丝光绿蝇害虫具有显著的熏蒸毒性，可作为一种安全有效的防蝇生物活性物质。杨群芳等研究了紫苏精油对云南松小蠹成虫的驱避活性，发现 10 倍、40 倍紫苏精油丙酮稀释液对小蠹成虫的驱避活性较强，其驱避率分别达到 100% 和 88.89%，160 倍精油稀释液驱避性较差，其驱避率低于 80%，320 倍精油丙酮的驱避率小于60%，然而，在紫苏精油浓度相同的条件下，处理 24 h 的驱避率最高，达到87.54%，处理 48 h 后的驱避率明显下降，低于 80%。说明紫苏精油对云南松小蠹成虫具有显著的驱避活性，但精油的强挥发性使其趋避有效期较短，因此有必要通过一定的手段提高紫苏精油的稳定性，以便推广紫苏精油的应用领域。张波等采用水蒸气蒸馏法提取紫苏精油并测试了其对博物馆藏品白腹皮蠹成虫的驱避活性和触杀活性。结果表明：紫苏精油对白腹皮蠹成虫具有强烈的驱避活性和触杀活性，当点滴量为 10 μg/头时死亡率达到 100%，当浓度为 0.3 mL/m² 时，精油对白腹皮蠹成虫的驱避性在 6 h 内均处于最强级别，该结果说明紫苏精油有望作为天然驱避剂或杀虫剂而广泛应用于博物馆藏品的保护领域。源丽枫研究了紫苏精油等 21 种植物精油对锈赤扁谷盗成虫的驱避活性，结果表明只有紫苏、豆蔻、大蒜和香茅四种植物精油对锈赤扁谷盗成虫有良好的驱避活性。

1.6.4　抗抑郁活性

现今，植物精油由于其纯天然、副作用小、效用明显等优点已被广泛用于对人体生理和心理的调节，尤其以芳香疗法常见，通过嗅闻精油的浓郁香气而达到缓解焦虑及紧张情绪的目的。日本研究者发现，多种植物已作为特有的组成成分在某些日本草药中用于改善患者抑郁情绪。例如，紫苏精油的重要组成成分紫苏醛，可以通过和植物甾醇协同作用使小鼠睡眠时间延长而达到镇静作用，模式小鼠连续 9 天每天吸入紫苏精油 0.0965 mg可以显著缩短抑郁症模型小鼠的不动时间且不影响正常运动。潘晓岚研究了薰衣草和紫苏精油对缓解小鼠焦虑情绪的影响，结果表明，精油香气嗅闻能明显缓解焦虑大鼠的情绪，并有效减少大鼠攻击行为，同时有助于大鼠体重的增长。

1.6.5　保护肝脏及抗癌活性

Greenwald 等研究表明在饮食中添加异戊二烯可降低癌症的发病率，该结果说明，膳食中存在非营养的单萜烯类化合物，会表现出抗癌活性。Abdalla等研究表明柑橘精油中的单体柠檬烯对乳腺和胃癌肿瘤的转移起着预防和化

疗的作用。同样，紫苏精油中的柠檬烯和紫苏醇也可以有效抑制大鼠肝肿瘤
细胞和乳房瘤的快速生长。

1.6.6 降血脂及预防心脑血管疾病

Emmanuel Omari-Siaw 研究紫苏醛对高脂饮食模型小鼠降血脂功效。结果
表明，紫苏醛纳米自微乳制剂给药系统与游离紫苏醛均可显著降低高脂模型
小鼠的血清总胆固醇、低密度脂蛋白和甘油三酯的含量，还可以有效提高高
密度脂蛋白的含量水平。Takagi 等研究了紫苏精油中紫苏醛对模式大鼠扩张
主动脉血管的影响，初步推断其作用机理是由于钙通道被阻断而达到保护血
管的目的。

1.7　植物精油的应用

近年来，随着学者对植物精油及其功能成分研究的不断深入、分析测试
方法的不断更新以及现代化生产加工技术的广泛应用，植物精油的合理开发
利用也逐渐深入，其应用领域也将不断扩展。

1.7.1　食品工业领域

植物精油香辛、口味温热、有令人愉悦的芳香气味。主要用于食品的保
鲜，还可以用于食品、饮料、酸奶和特殊甜酒的增香增色，是天然的食品香
料。李奕星等测定芥末精油、丁香精油和诺丽精油 3 种精油处理对采摘后红
毛丹常温保鲜的效果，并探讨各精油适宜处理浓度对红毛丹果实品质的影响。
结果表明，芥末精油对防止红毛丹褐变及维持果实硬度最有效，丁香精油在
维持果实色泽方面呈现良好效果，而在维持果实细胞膜完整性及总可溶性固
形物方面，上述 3 种植物精油均表现出良好效果。由于紫苏醛型紫苏精油的
甜度是蔗糖的 2000 倍，因此可作为食品甜味剂而广泛使用，如用于糖果、糕
点和蜜饯等多种甜味食品的开发。

1.7.2　医药保健领域

植物精油具有祛寒除湿、温经通络、驱风止痛、抗肿瘤、防癌以及抗抑
郁等多种作用。有研究表明，精油中的单萜烯类化合物，如柠檬烯等具有抑
制肝肿瘤和乳房瘤的作用，对中枢神经系统也有抑制作用。因此植物精油可

作为抗肿瘤药物、安胎糖浆以及抗抑郁药物等应用于多种临床疾病的治疗中。

1.7.3　化学化工领域

植物精油香气浓郁，具有植物材料特有的香气特征。植物精油的香气种类和香气成分的归属使其在化妆品领域的开发应用极具参考价值，并且精油对多种皮肤细菌和真菌具有不同程度的抑菌作用，因此植物精油可作为化妆品添加剂、高级香料等。同时，植物精油还可以用来制造染料、油漆、人造革、润滑油等。

植物精油应用范围之广泛必将带来突出的经济效益。但是目前为止，国内市场中植物精油及其加工制品的市场覆盖面还相对狭窄。如何开发出新的精油产品，从而增加其产品的附加价值为各国研究者指明了研究方向。

1.8　植物精油微胶囊化复合材料开发

1.8.1　微胶囊化技术概述

微胶囊化（microencapsulation）技术始于 20 世纪 50 年代，由 National Cash Register 公司（美国）首次向市场发布了利用微胶囊化技术制成的第一代无碳复写纸，并由此开创了微胶囊化技术的新纪元。近 20 年，各国各领域对微胶囊化技术的大力开发也促使微胶囊化技术迅速发展，现已应用到食品、医药、农业、化学品及化妆品等工业领域中。微胶囊化技术利用物质不同的理化性质，通过一定的技术手段，用天然或者合成的高分子材料将固体、液体甚至气体物质包埋起来，形成为直径在 $1 \sim 1000$ nm 的微型胶囊，从而达到保护、缓释、控释等作用。微胶囊按其直径的大小可分为分子级微胶囊、微米级微胶囊、纳米级微胶囊；按其用途则可分为光敏微胶囊、热敏微胶囊、压敏微胶囊以及膨胀型微胶囊。

在微胶囊中被包裹的材料通常被称为芯材或填充物。芯材可以是固体、液体或气体状态的生物材料、食品及食品添加剂、药物、燃料、肥料、饲料添加剂、催化剂等。而微胶囊中用于作包裹的材料通常被称为壁材、囊壁或囊膜等，可用作壁材的材料多是惰性的天然多聚高分子化合物、半合成高分子化合物以及合成高分子材料。其中天然高分子壁材，如海藻酸钠、阿拉伯胶、β-环糊精、果胶和麦芽糊精，具有无毒、成膜性好、稳定性高等优点，应用广泛，但也具有机械强度较差、原料质量不稳定的缺点。通常情况下，根据芯材理化性质及微胶囊用途的不同，可采用单一或者多种壁材复合进行微胶囊包覆。

微胶囊化技术在食品加工领域中的应用主要集中在食品配料及微量辅料的微胶囊化，如香料、甜味剂、酸味剂、维生素以及矿物质的微胶囊化。由于香精香料存在挥发性高、沸点低、稳定性较差的缺点，所以香精香料的缓释和控释技术的研究是目前国内外研究的热点及难点。

1.8.2　微胶囊化技术的优势

微胶囊化后的微粒材料，由于其芯材外有壁材作为保护层，可以避免光照、温度、湿度、氧气、酸碱度等外界环境的不良影响，可以最大限度地保持芯材原有的色香味及生物活性，从而延长贮存期且方便应用。微胶囊化技术可使芯材的释放速率人为控制、减少其有效活性成分向外扩散，使芯材最大限度地发挥其原有的性能。同时，微胶囊化技术还能使芯材的物理性质得以改变，将不稳定、难以保存的液体或半固体的流质体转变为稳定的、便于长期保存的自由流动的固体粉末，从而解决芯材的贮藏和运输等问题。因此，利用微胶囊化技术可以有效解决传统工艺所不能解决的难点问题，而且可以生产开发多种高新产品。

1.8.3　微胶囊化产品的制备方法

微胶囊制备方法按其制备原理可分为物理法、物理化学法和化学法 3 大类。其中，物理法有喷雾干燥法、喷雾冷冻法、喷雾冷却法、静电合成法、流动床法、多孔离心挤出法等。物理化学法有水相分离凝聚法、油相分离凝聚法、复相分离法、脂质体包埋法、粉末床法等。化学法有锐孔—凝固浴法、界面聚合法、原位聚合法等。

（1）喷雾干燥法

喷雾干燥法早在 1950 年就已经应用于香精香料的包埋，是将微细化芯材稳定地乳化分散于壁材材料的溶液中而形成乳化液，乳化液在高温干燥的气流中雾化为微细液滴，使溶解壁材的溶剂迅速蒸发而形成具有多孔筛的网状膜结构，而壁材受热得以干燥并固化，最终得到干燥的粉状微胶囊。该技术现在已经相当成熟地应用于将液体香精转换为固体香精的生产中，由于其成本相对低廉、操作简单方便，是目前香精香料微胶囊制造中使用最广泛的方法之一。此法对于亲油性液体状物料的微胶囊化最为适宜，芯材物质的疏水性越强，其包埋效果就越好。喷雾干燥法由于加热过程短，生产连续，可有效避免产品长时间受热，更适于对热敏性材料的微胶囊。

（2）凝聚法

凝聚法又称相分离法，是一种非常高效的微胶囊化方法，包埋率高，壁膜致密且释放性能好。其原理是将乳化后的芯材稳定地分散在壁材溶液中，通过调节 pH 和温度，或采用其他方法，使壁材溶解度降低并在溶液中凝聚包埋在芯材周围。根据沉淀方式的不同可将凝聚法分为单凝聚法和复凝聚法；明胶—阿拉伯胶系统是目前研究最为深入的复合凝聚胶质系统。Vasishtha 等通过对传统的复凝聚过程进行改进，在凝聚过程的不同时期加入特定的结构剂戊二醛等，得到了不同形式的微胶囊产品。凝聚法具有产量高的优点，但也存在技术性强、操作复杂等缺点。以凝聚法包埋香料香精等不稳定物质还容易造成其活性成分的溶解、挥发性组分的蒸发及部分芯材包埋不彻底等问题，从而限制其广泛应用。

（3）锐孔—凝固浴法

锐孔—凝固浴法于 1940 年由 Mabbs 提出，是以可溶性聚合物为壁材并配成溶液，以此溶液包裹芯材，通过外力作用使其呈球状液滴逐滴落入凝固液中，使聚合物在凝固浴中交联固化形成为壁膜并沉淀的过程。由于海藻酸钠的生物相容性较好、生物降解性较强，故海藻酸钠—钙体系是该法研究最深入应用最广泛的制备凝胶状微胶囊体系，常用来对药物、益生菌及细胞等进行封装。锐孔—凝固浴法具有操作简便、过程温和、成本低廉且可以工业化生产的优势。张茜青以海藻酸钠、酪蛋白为壁材，以核黄素为芯材，利用锐孔—凝固浴法制备出一种新型的微胶囊，通过响应面法优化了微胶囊的制备工艺，对核黄素的包埋率达到 97.94%，有效提升了芯材的包埋率。除了海藻酸钠体系，其他生物高分子物质，如明胶、蛋白质等也可利用锐孔—凝固浴法制备微胶囊。Patel 等将明胶和虫胶滴入酸性凝固浴，制备出一种纯天然的生物聚合物微胶囊，实现了对水飞蓟宾、柠檬烯、儿茶素、茜素、姜黄素等多种芯材的包埋。

1.8.4　植物精油微胶囊复合材料研究进展

自 20 世纪 60 年代初，微胶囊技术的出现有效解决了许多传统技术始终无法解决的难题，极大地促进了食品、医药等领域中微胶囊技术的广泛应用。目前，对于水溶性材料的微胶囊化研究相对较少，而对于油溶性材料的微胶囊化研究则较为深入与广泛。微胶囊化方法在各个领域中应用最广泛的是喷雾干燥法，主要应用领域集中在粉末状香精、香料及油脂。

微胶囊化植物精油主要以天然植物精油为主要对象。植物精油因其独有的芳香特性在香水、化妆品、食品以及农业等领域广泛应用。此外，一些精油也因其良好的生物活性而用于医药产品和功能食品的开发。目前国内外对柠檬精油、薄荷精油、玫瑰精油、甜橙精油、姜精油、大蒜精油等精油的微胶囊化研究较多，其主要方法涉及凝聚法、喷雾干燥法、挤压法等。表1-1列举出一系列通过不同方法进行微胶囊化的植物精油及其应用领域。

表1-1　几种植物精油的微胶囊化方法及应用领域

精油种类	微胶囊化方法	应用领域
百里香精油	凝聚法	化妆品
胡椒精油	喷雾干燥法	农药
迷迭香油	单凝聚法	食品和医药
柠檬、玫瑰精油	复凝聚法	化妆品
薄荷精油	离子凝聚法	食品
大蒜和肉桂精油	凝聚法	食品
肉桂精油	单凝聚法	食品
香茅精油	单凝聚法	驱虫剂
橘皮精油	热变性法	食品和医药
桉树精油	复凝聚法	化妆品和食品

目前，许多微胶囊化技术方法仍处于试验研究或专利阶段，应用到不同领域的微胶囊化产品的包覆壁材和微胶囊化方法也不尽相同，且生产成本也相差较大。因此，微胶囊技术在不同领域的推广应用，需要不断开发既适用于微胶囊技术又适用于市场的新材料及设备。

第 2 章　植物多糖

多糖是天然化合物中最大族之一，由通式（$C_6H_{10}O_5$）$_n$ 表示，广泛存在于各类动植物中，扮演着重要角色，不仅是组织和能量来源，而且承担着生物合成、细胞间的识别、神经细胞发育、激素激活、细胞增殖等各种生命现象和生理过程。

2.1　植物多糖提取方法

2.1.1　热水浸提法

热水浸提法是一种多糖提取的传统方法，使用水作为提取溶剂。热水浸提法提取多糖设备简单易获得、易操作、环保可靠，缺点表现在多糖提取率易受到料液比、温度、时间等影响，且提取时间较长、耗水量较大。张强等采用热水浸提法提取南酸枣叶多糖，结果显示，提取温度、液料比、提取时间分别是 86 ℃、110∶1（mL/g）、3.90 h，多糖提取率为 4.41%。

2.1.2　酶提取法

该方法是通过酶具有专一性、高效性的特点实现的。酶提取法可以高效地破碎细胞，使多糖快速地释放出来。其反应过程温和，因此植物多糖的生物活性不受影响。该法多糖产率高，提取条件容易达成。刘涵等利用纤维素酶提取白色木槿花多糖，最佳提取工艺为酶用量、料液比、酶解时间分别是 0.3%、1∶48.4（g/mL）、180 min 时，木槿花多糖提取率为 7.64%±0.013%。

2.1.3　超声辅助提取法

在超声波的作用下，液体分子之间会发生剧烈的振动和摩擦，形成大量小气泡，并在气泡破裂时释放出极高的温度和压力，产生微小爆炸，从而加速了溶剂渗透到样品中，并使目标物质快速地溶解出来。该方法提取效率高、操作简单、重复性好、生物活性也不受影响，因此超声辅助提取法已被广泛应用于多个领域。郭鑫等采用超声辅助提取法，研究油茶籽壳多糖最适提取工艺条件是超声时间为 25 min、超声功率为 650 W、液料比为 40∶1（mL/g），此时多糖得率为 3.03%。

2.1.4 微波辅助提取法

该方法是一种利用微波加热的特性，从材料中选择性提取目标成分的方法。与传统热水浸提法相比，多糖的提取率显著提升。朱佳琳等采用此方法提取无花果树叶多糖，微波功率、微波提取时间、液料比分别是 300 W、3 min、30 mL/g 时，多糖得率可达 11.32%。

2.1.5 亚临界萃取法

该方法是一种新型的萃取与分离技术，具有无毒、无害、无污染、节能等优势。王娜等选择亚临界水提取法，以索尼娅石斛多糖提取率为评价指标，提取压力、提取温度、液料比分别是 1.4 MPa、145 ℃、25（mL/g），多糖提取率分别为 6.03%、6.14%、6.09%。结果表明，该提取工艺稳定、可靠。

2.1.6 低共熔溶剂提取法

该方法是一种利用特定溶剂在低温下形成的共熔体来实现目标物质分离的技术。该技术的关键在于选择能够在一定温度下与目标物质形成共熔体的溶剂。这些溶剂通常在常温下与水不相溶，但在达到共熔点的温度时能够形成液态混合物，此时它们与目标物质之间会发生物理作用，使得后者易于从混合物中被分离出来。冯思敏等以铁皮石斛多糖提取率为指标，提取温度、液料比、低共熔溶剂浓度分别是 80 ℃、110∶1（mL/g）、40%，提取率为 33.2%±0.28%，多糖的纯度为 56.95%±1.2%。

2.1.7 双水相萃取法

该方法是利用物质在互不相溶的两水相间分配系数的差异来进行萃取的方法。可形成双水相体系的物质有很多，如聚合物与聚合物（如聚乙二醇/葡聚糖）的混合溶液、聚合物与无机盐（如聚乙二醇/硫酸盐）、小分子醇/无机盐（如乙醇/磷酸盐）。双水相萃取法原理装置如图 2-1 所示。双水相萃取具有操作条件温和、产品活性损失少、萃取体系具有可调性等优点，尤其适用于天然活性物质的提取与分离。尹国友等采用聚乙二醇/硫酸铵双水相体系提取韭籽粕多糖，聚乙二醇相对分子质量、聚乙二醇质量分数、硫酸铵质量分数分别为 6000 Da、14.50%、20.46%时，多糖萃取率为 85.39%。

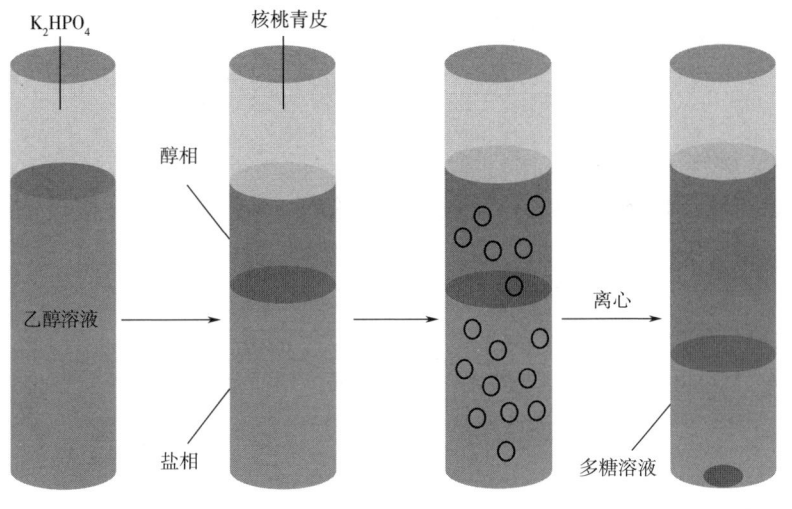

图 2-1　双水相萃取法原理装置图

2.1.8　植物多糖的协同提取法

为了克服单一提取方法的不足，发挥多种提取方法的优点，提升多糖的提取率和纯度，可以选取两种或两种以上的方法协同提取植物多糖，如超声辅助—水提取法、微波—水提取法、超声辅助—酶提取法。研究表明，采用超声辅助纤维素酶法提取青龙衣多糖，工艺条件简便易行、成本低廉、提取率高，为实际生产提供了理论依据和技术参考。因此协同提取法具有较大的实际应用价值。

2.2　植物多糖的纯化

2.2.1　去除蛋白质

目前常用到以下四种方法去除蛋白质：

（1）Sevage 法

实验室最常用到的方法，此方法温和、有效，但氯仿具有毒性。

（2）鞣酸法（TA 法）

多糖在偏酸性环境下与鞣酸结合形成不溶于水的沉淀，从而与蛋白质分离。该方法较为温和，但效率较低。

（3）三氯乙酸法（TCA 法）

多糖在三氯乙酸中形成沉淀，离心与蛋白质分离。该方法也比较温和，易操作。

（4）酶解法

选用适合的酶对多糖进行处理。常用的酶有葡萄糖酸酶、淀粉酶等。将酶加入预处理好的多糖样品中，并在适宜的温度和 pH 条件下进行酶解反应，酶解反应结束后，样品进行离心分离，上清液即为纯化的多糖样品。酶解法清除蛋白质效果相对较好且安全性较高。

为多糖除蛋白质是一项重要的实验技术，用于制备纯化的多糖样品。在实际工作中，需要根据具体情况选择合适的方法。

2.2.2 脱色

提取的多糖溶液往往伴有多种色素分子，造成提取液颜色较深，不仅影响多糖的质量和外观，而且影响后续的活性研究。因此，对多糖进行脱色处理是必不可少的工艺。多糖脱色的方法主要包括以下几种：

（1）活性炭吸附法

活性炭对色素有较强的吸附能力，并且还有助滤作用。其脱色原理是利用活性炭巨大的比表面积、发达的空隙结构、稳定的理化性质，通过物理吸附将溶液中的色素吸附、凝聚，从而实现脱色。整个过程对多糖结构无破坏作用，因此是植物多糖脱色常用方法。

（2）大孔树脂吸附脱色

大孔树脂的孔径通常在 10~1000 nm，较大的孔隙结构使得大孔树脂具有较高的吸附容量和速率。大孔树脂去除色素的机理主要是通过物理吸附和化学吸附两种机制实现的。物理吸附是指色素分子与大孔树脂表面的相互作用，如范德华力、静电作用力等。化学吸附则是指色素分子与大孔树脂表面的化学键结合。这两种机制共同作用，使得大孔树脂具有较好的除色效果。同时大孔树脂具有再生能力，这些特性使得大孔树脂成为一种有效且实用的脱色材料。

（3）过氧化氢法

过氧化氢脱色原理是利用其氧化性质，将多糖分子中的色素氧化分解，使其失去颜色。在这个过程中，过氧化氢分解生成氧气和水，同时释放出活性氧，活性氧自由基可以进一步攻击色素分子，促进其氧化分解，导致颜色消失。

2.2.3 透析

透析可以去除提取过程中产生的低分子量杂质，如盐类、小分子的有机物和低分子量的蛋白质，同时也帮助纯化和浓缩多糖样品，该步骤对提高多糖的纯度和质量非常关键。透析袋孔径大小的选择最为关键，必须基于截留在透析袋内的生物大分子的最小分子的分子量进行选择。

2.3 植物多糖的结构表征

多糖结构与其生物活性密切相关，分为初级结构和高级结构。其中，多糖初级结构也称为一级结构，由单糖分子的线性排列和它们之间的糖苷键组成。单糖的种类、数量和排序在一级结构中起着关键作用；多糖的高级结构由二级、三级和四级结构组成，多糖的二级结构只包括主链，形成有规则的构象，如螺旋、折叠或其他形式的结构，不涉及侧链的空间排布。三级结构是多糖分子整体的三维折叠结构，由各个分支和功能性基团的相互作用而形成。三级结构的稳定性通常受到各种化学键和非共价相互作用的影响。在一些情况下，多糖分子可能由两个或更多的独立多糖链相互作用而形成，这种相互作用称为四级结构。这些层次结构反映了多糖分子的复杂性和功能多样性。

2.3.1 单糖组成分析

采用适宜的方法测定多糖中的单糖组成，首先要水解多糖，水解方法有多种，包括酸水解、酶水解、电磁辐射、超声波水解等，其中酸水解技术是目前的主流技术。酸水解不仅可以发生在糖链中，同时也可发生在糖链的还原端或非还原端。目前多采用三氟乙酸进行酸水解。多糖水解成单糖后，进行衍生化处理，最后使用下列方法进行单糖测定。

气相色谱法（gas chromatography，GC），可在较短的时间内同时分离分析极其复杂的混合物，检测浓度可达到 pp 级且分析速度快。

高效液相色谱法（high performance liquid chromatography，HPLC），该方

法快速、灵敏、样品处理简单、稳定性好、技术较成熟且不存在挥发性限制的问题等优点，因此是 AOAC（国际分析化学家协会）推荐的糖类物质分析的官方技术。

离子色谱法（ion chromatography，IC），具有稳定性好、可同时分析多种离子化合物、选择性好等优点，为单糖的定性定量分析及多糖的单糖组成分析提供了一种快速方便可靠的方法。

2.3.2 分子量分析

目前，高效凝胶渗透色谱法是测定植物多糖分子量常用方法。图谱横坐标表示相应色谱峰保留时间，纵坐标表示标准品的相对分子质量的对数值，根据回归方程可以求得多糖分子的分子量。

2.3.3 糖残基连接方式分析

（1）红外光谱（fourier transform infrared spectroscopy，FTIR）法

红外光谱具有比紫外—可见光谱更精细的信息。它不仅可以鉴定分子中存在的官能团，同时还可以用来判断糖苷键的构型及糖环的类型。该方法操作简便、结果可靠。如呋喃糖苷在 $1100 \sim 1010$ cm^{-1} 范围内出现 2 个吸收峰，而吡喃糖苷常在该范围内出现 3 个吸收峰；$3600 \sim 3200$ cm^{-1} 范围内是多糖羟基伸缩振动吸收峰，$960 \sim 730$ cm^{-1} 范围内为吡喃糖苷键构型吸收峰；（891 ± 7）cm^{-1} 为 β 构型多糖，（844 ± 8）cm^{-1} 处为 α 构型多糖。

（2）甲基化分析

广泛应用于多糖的结构测定。反应过程包括：多糖样品中所有游离羟基都被甲基化，甲基化的多糖用三氟乙酸水解，部分甲基化的单糖被 NaBH$_4$ 还原，乙酰化成 PMAAs，通过正确识别部分甲基化的糖醇乙酸酯，可以确定每个组成糖的连接位置。

（3）高碘酸氧化

高碘酸可以选择性的氧化断裂糖分子中的连二羟基或连三羟基处，生成相应的醛、甲酸，反应定量进行，因此通过测定高碘酸消耗量及甲酸的释放量，可以判断糖苷键的位置、直链多糖的聚合度和支链多糖的分支数目。

（4）Smith 降解

Smith 降解是将高碘酸氧化产物用硼氢化合物还原成稳定的多羟基化合物。然后进行适度的酸水解，最后用薄层色谱法（thin-layer chromatography，

TLC）或 GC 方法对这些产物进行鉴定，即可推断出糖苷键的位置，即多糖各组分的连接方式及次序。

2.3.4　其他结构表征方法

（1）综合热分析技术

包括热重量分析法（thermogravimetric analysis，TG/TGA），微熵热重法（derivative thermogravimetry，DTG），差热分析法（differential thevmal analysis，DTA），差热扫描量热法（differential scanming colorinetry，DSC）等，其中TG、DTA、DSC 最常用。不同的物质有不同的特征峰形，即不同的热图谱。热分析技术因其具有方便、准确、所需样品量少、仪器灵敏度高、重复性好等优点，使其应用前景十分广阔。

（2）X-射线衍射法

是最基本、最重要的结构测试手段，用来确定多糖的立体构型，具有无损试样的优点。

（3）原子力显微镜技术

该方法可以观察多糖分子的螺旋结构、网络和自组装结构、多糖分子的高度、运动情况等。需要注意的是，正确制备样本对于其后的成像是极为关键的因素，如不同浓度的多糖会对其形态产生显著影响，当浓度过高时，多糖容易形成聚集体；而较低浓度则容易成功获得单个多糖分子。

（4）扫描电镜技术

应用扫描电镜，可以观察多糖表面的微小形态特征，得到更为详尽、细微的结构特征。

2.4　植物多糖的生物活性

2.4.1　抗氧化活性

抗氧化是指抗氧化自由基的简称，环境污染、放射线照射、化学药物滥用等因素导致人体内产生过量的自由基。研究报道，过量的自由基会对细胞结构和生物分子功能造成严重损伤，引起许多疾病。从天然产物中提取的多糖或糖缀合物，是有效的自由基清除剂、还原剂和亚铁螯合剂。其作用机制为：

（1）激活抗氧化应激通路，调节抗氧化酶活性

Zhao 等研究报道，青钱柳多糖能够激活 Keap1-Nrf 2/ARE 抗氧化信号通路，提高细胞内超氧化物歧化酶（superoxide dismutase，SOD）、过氧化氢酶（catalase，CAT）、谷胱甘肽过氧化物酶（glutathione peroxidase，GSH-Px）水平，从而增强细胞抗氧化能力。

（2）通过调控凋亡基因表达，减轻氧化损伤

Chen 等研究发现当归多糖可以通过调控 Bcl 2/Bax/Caspase3 信号通路，下调脾脏中 Bax 和 Caspase-3 的表达，同时提高 Bcl-2 的表达水平，改善辐射损伤大鼠脾脏中抗氧化酶的活性。

（3）清除自由基

目前，许多学者研究发现，大自然中的多种植物多糖能够有效对抗自由基，表现出抗氧化活性。通过超声辅助提取得到的胎菊多糖，能有效清除 DPPH 和 OH 自由基。

（4）拮抗一氧化氮（NO）

研究显示，植物多糖能够降低 NO 含量，从而减少 NO 氧化损伤，提高机体抗氧化能力。Su 等研究发现金银花多糖能够通过减少 NO 产生，表现出较好的抗氧化活性。

（5）螯合金属

植物多糖通过螯合亚铁和铜等离子来抑制自由基的产生，而不是直接清除它们。研究证明，多糖分子中的糖醛酸和硫酸盐基团似乎是证明多糖螯合能力的必要条件。

（6）多糖偶联蛋白质或肽部分具有清除自由基的作用

Liu 等研究发现，多糖提取物中的蛋白质有助于直接清除超氧化物和羟基自由基的作用。

2.4.2 免疫调节活性

20 世纪 80 年代以后，随着研究的深入，人们逐渐认识到植物源性多糖是天然免疫调节剂。它可以调节 CD^{4+}/CD^{8+} T 淋巴细胞比例，增加机体 B/T 淋巴细胞数量，提高巨噬细胞、自然杀伤细胞的活性，激活补体系统等。马盖凡等研究显示，水提醇沉法提取分离得到艾根多糖能够提高巨噬细胞 NO、TNF-α、IL-6、IL-1β 的释放及吞噬能力，揭示了艾根多糖的基本结构并证实其具有优异的免疫调节活性。查苏娜等采用水提醇沉法提取的刺玫根多糖，能够显著上调小鼠血清中免疫球蛋白 IgA、IgG、IgM 浓度水平（$P<0.01$）及

IL-2、IFN-γ、TNF-α、IL-6 的含量（$P<0.01$），表现一定的免疫调节活性，其作用机制与 TLR/NF-κB 通道有关。

2.4.3 抗肿瘤活性

研究证实，植物源性多糖具有抗肿瘤活性，因其来源广、价格低、毒副作用小等优势，成为广大学者研究的热点。植物多糖抗肿瘤活性机制可能是：①提高了免疫细胞功能。②诱导肿瘤细胞凋亡。③触发肿瘤细胞的自噬。④抑制肿瘤细胞的入侵、亲附和转移。⑤干扰肿瘤细胞能量代谢等。王成志等研究发现，黄芪多糖通过调节巨噬细胞、树突状细胞、自然杀伤细胞的活性，增强免疫细胞对肿瘤细胞的杀伤力，发挥抗肿瘤的功能。

2.4.4 降血糖活性

血糖是指血液中葡萄糖的含量，属于糖代谢检查，反映了机体对葡萄糖的吸收、代谢是否正常。血糖高不仅会影响身体内部蛋白质和脂肪的代谢，还会引起毛细血管病变、肾脏病变、眼底视网膜病变、神经细胞变性等疾病。随着人们对植物多糖生物活性的深入研究，发现植物中提取的多糖具有较好的降血糖作用。宋巧英等利用热水浸提法提取栝楼籽多糖，通过体内和体外试验研究发现，栝楼籽多糖能够抑制 α-葡萄糖苷酶的活性，有效降低 2 型糖尿病引起的小鼠高血糖值，同时对糖尿病小鼠的肝脏、肾脏具有修复作用。田谷正男等研究报道，从废弃的黄连须中提取的黄连须多糖，具有促进外周组织对葡萄糖的利用、加速葡萄糖代谢、提高胰岛素分泌能力，从而降低糖尿病小鼠的血糖，同时改善了血脂代谢紊乱和提高了氧化应激水平。

2.4.5 抗血栓、血凝活性

临床上常采用凝血功能检查来判断血栓形成的风险。血栓一旦形成，会导致血流受阻，引发栓塞。栓子脱落后随血流到达其他部位，阻塞该部位的血管，导致栓塞。栓塞可发生在肺动脉、脑血管、冠状动脉等重要血管，引起肺栓塞、脑梗死、心肌梗死等严重后果，对患者的生活质量和健康造成严重影响。因此，研发安全、无毒、有效的抗血栓、抗血凝药物迫在眉睫。随着国内外学者的研究深入，人们发现植物中具有抗凝血活性成分的物质大多数为糖类化合物。梁进研究发现，茶叶多糖具有抗凝血作用，经脱蛋白后，可增强抗凝血活性，经 DEAE-52 纤维素柱纯化后，茶多糖组分 Ⅱ 经化学修饰后，可进一步增强抗凝血活性。闻志莹研究表明，经离子交换柱 DEAE Sepharose CL-6 纯化香椿籽多糖，可得到 STSP-1、STSP-2、STSP-3、STSP-4 四种组分，它们都能延长凝血酶原时间和凝血酶时间，且 STSP-3 延长效果更显著，说明香椿籽多糖抗凝血机制是通过外源途径和共同途径影响凝血功能的。

2.5　植物多糖与肠道菌群

2.5.1　肠道菌群

肠道菌群与人类的健康息息相关，它被视为人体"第二基因"（图 2-2）。研究表明，健康的肠道菌群决定着宿主的健康，如何塑造健康的肠道菌群，科学家研究发现影响因素主要有以下三点：

（1）分娩方式（阴道分娩或剖宫产）

经阴道分娩的婴儿，在最初的几天，肠道内含有大量的有益菌，乳酸菌，相比之下，通过剖腹产分娩的婴儿，其肠道菌群多样性减少，主要被兼性厌氧菌，如梭状芽孢杆菌占领。

（2）婴儿期饮食（母乳或配方奶喂养）和成人饮食（以素食或肉类为基础）

在母乳喂养的婴儿中，双歧杆菌含量丰富，而在配方奶喂养的婴儿中含量减少。极端的"动物性"或"植物性"饮食同样会导致人类肠道菌群的广泛性改变。

（3）抗生素的使用

会引起正常健康肠道菌群的长期改变和增加耐药基因的水平。

为了研究肠道菌群，科学家们使用细菌培养技术，最初只能分离出 10%~25% 的菌群，因为肠道中的大多数细菌都是厌氧菌。随着厌氧培养技术的改进，发现了优势菌属，如拟杆菌属、梭状芽孢杆菌属、双歧杆菌等。这些技术的主要缺点是难以在培养皿上研究不同菌落的培养特性，且试验周期较长。随着高通量基因测序技术的应用，目前对肠道菌群的研究主要分两步：第一步，基于 16S rRNA 的细菌基因测序；第二步，生物信息学分析，即从测序中获得的数据是大量的、碎片化、有噪声、重叠和被污染的，生物信息学分析使清理数据和细菌的分类鉴定成为可能。

经过大量研究证实，健康的肠道菌群主要由厚壁菌门和拟杆菌门组成，其次是放线菌门和疣微菌门。但是，肠道菌群在属水平及以上的分布表现出时间和空间差异。不同解剖区域的肠道环境在生理学、食糜流速、宿主分泌物、pH 和氧含量等方面存在显著差异。如一个人的食道至远端直肠，细菌的多样性和数量会有显著差异。图 2-2 显示了正常人肠道菌群的分布情况，食管远端、十二指肠和空肠的优势菌属是链球菌。幽门螺杆菌是胃内的优势菌属。结肠的特点是流速慢和中性到轻度酸性的 pH，结肠环境更适合密集和多样的厌氧菌生存，因此结肠占体内所有微生物的 70% 以上，寄居在结肠的细菌主要包括厚壁菌门和拟杆菌门，并且，厚壁菌门/拟杆菌门的比例与疾病易感性密切相关。

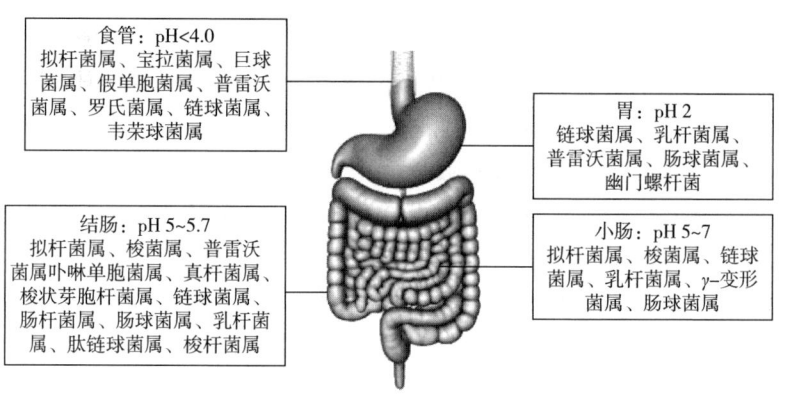

图 2-2　正常人肠道菌群的分布情况

肠道菌群和宿主之间经过了漫长而复杂的共同进化，形成了一个复杂且互利的生物关系。肠道菌群能从宿主的膳食碳水化合物和脱落的上皮细胞中获得营养，它反过来又可以增强宿主肠道的完整性、抵抗病原体的入侵、调节宿主免疫功能。然而，当宿主的生命活动发生变化，如饮食结构的改变、抗生素的使用等，将打破这种稳态，引起肠道菌群失衡，从而引发各种疾病，如炎性肠病、过敏性疾病、心血管疾病、中枢系统疾病等。

2.5.2　多糖对肠道菌群的影响

多年研究表明，多糖可以作为肠道菌群的能量来源，同时具有调节保护作用。不论是正常肠菌还是紊乱肠菌，多糖都可以促进有益菌繁殖、抑制致病菌生长，有效调节菌群稳态，保护肠道健康。

（1）正常肠菌

张浩琪等人为了研究大蒜多糖的益生元功能，选取健康昆明小鼠，连续灌胃21天后，发现不同剂量的大蒜多糖可显著上调双歧杆菌数量，同时下调肠杆菌数量，结果证明，大蒜多糖能够改善小鼠肠道微环境并为开发新的益生元产品提供了有力依据。Gao等以秋葵多糖为研究对象，口服灌胃正常小鼠，结果显示秋葵多糖可显著提高肠道有益菌（双歧杆菌和乳酸菌）丰度，同时降低拟杆菌属、肠球菌属和埃希氏菌属丰度。

（2）紊乱肠菌

王广采用盐酸林可霉素建立小鼠肠道菌群紊乱模型，党参多糖治疗7天后，能促使肠道正常菌群生长，控制肠杆菌向肝脏易位，促进肠黏膜损伤修复。石丹等发现蒲公英多糖具有调节肠道菌群作用，经蒲公英多糖治疗后，能够改善经林可霉素导致肠菌失调的小鼠，表现在小鼠肠道内双歧杆菌和乳酸杆菌数量增加，有害菌中肠杆菌和肠球菌数量减少。赵芷萌等研究发现，经大孔树脂纯化后的百合多糖，其高剂量组（200 mg/kg）对肠道菌群失调具有调节作用，肠杆菌、肠球菌的数量显著降低（$P<0.05$），有益菌中乳酸杆菌、双歧杆菌数量明显增加（$P<0.05$），为将百合多糖开发成为微生态调节剂奠定理论基础。吴莉等比较研究黄芪多糖和炙黄芪多糖对抗生素造模引起的肠道菌群失衡的调节作用，结果显示两种多糖组均能增加有益菌的比例，均能调节大鼠肠道菌群丰富度和多样性，且炙黄芪多糖效果优于黄芪多糖。

2.5.3 肠道菌群对多糖的降解

目前，关于肠道菌群的组成，大部分信息均来自粪便样本，它们反映的是结肠远端管腔内的群落。研究显示，在人类健康状态下，优势菌门为厚壁菌门、拟杆菌门和放线菌门，其次是变形菌门和疣微菌门；优势菌科为普雷沃氏菌科、毛螺菌科和文肯菌科。各种肠道细菌能够降解小肠中未消化的复杂多糖，是由其基因组编码的糖苷水解酶和多糖裂解酶所决定。例如，作为"多面手"的拟杆菌门，因其编码多种碳水化合物活性酶而能降解各种多糖，赋予细菌合成、识别或代谢复杂碳水化合物的能力。这些菌群将多糖降解后，会产生短链脂肪酸（short-china fatty acid，SCFAs）、维生素、气体等代谢产物，同时也为宿主提供能量和其他营养物质。如正常的肠道菌群每天产生50~100 mmol/L的SCFAs，SCFAs在结肠中作为能源物质被上皮细胞迅速吸收后，产生积极效应，参与调节基因表达、趋化、分化、增殖和凋亡等细胞过程。

2.5.4　多糖与肠道菌群在炎症性肠病中的作用

关于炎症性肠病的研究是起步最早、成果最多的领域之一。炎症性肠病包括克罗恩病（crohn disease，CD）和溃疡性结肠炎（ulcerative colitis，UC）。UC 是一种浅表炎症性疾病，特征是对称、均匀和连续，通常累及直肠，向近端延伸至整个结肠，产生全结肠炎，其症状常表现为间歇性腹部痉挛和血性腹泻。而 CD 是一种肉芽肿病程，特点是透壁性和不连续性肠道炎症，可影响胃肠道的任何部位，最常见于回肠末端，主要症状为慢性腹泻和腹痛。随着人类微生物组计划的开展，有关肠道菌群对炎症性肠病的研究层出不穷。迄今为止的研究进展表明，炎症性肠病是一种多微生物疾病，它是宿主和微生物之间相互作用的结果。总的来说，炎症性肠病患者的肠道菌群多样性减少，包括厚壁菌门（Firmicutes）的丰度减少，肠杆菌科（Enterobacteriaceae）丰度的增加。部分研究还观察到了拟杆菌属（Bacteroides）、双歧杆菌（*Bifidobacterium*）以及乳杆菌属（*Lactobacillus*）的变化。越来越多研究表明，多糖可通过调节肠道菌群丰度，促进益生菌的增殖，降低炎症性肠病的发生。梁金花等发现，黄芪多糖可使 UC 大鼠肠道菌群恢复正常，表现为双歧杆菌、乳酸杆菌数量的升高及肠杆菌、肠球菌数量的降低。Tao 等研究发现，菊花多糖能降低有害菌丰度，促进有益菌增殖，从而有效改善 UC 大鼠肠道菌群丰度和多样性，且随着菊花多糖浓度的升高，厚壁菌门/拟杆菌门比值逐渐上升。

第3章　植物黄酮类化合物

黄酮类化合物广泛存在于自然界的植物中，属于植物次生代谢产物，是天然活性成分之一。黄酮类化合物是以2-苯基色原酮为母核而衍生的一类黄色色素，其中包括黄酮的同分异构体及其氢化和还原产物，即以 C_6–C_3–C_6 为基本碳架的一系列化合物。

3.1　黄酮类化合物的提取方法

3.1.1　热水浸提法

热水浸提法，又称水浴法，是一种提取黄酮类化合物的传统方法。该提取方法的特点是以水作为提取溶剂。采用热水浸提法提取黄酮类化合物具有操作简单、成本低廉、安全性高以及提取效率较高等优点，但在提取过程中除有效成分外，部分脂溶性物质及其他杂质也浸出较多，不利于精制，还可能会引起微生物污染。鲍龙等利用水浴法提取雪莲果叶黄酮，在最佳提取条件下雪莲果叶总黄酮提取率为 5.53%。

3.1.2　乙醇提取法

乙醇提取法在天然产物提取中较为常用。该方法能够高效地将特定溶质从混合物中分离出来，可用于多种不同类型化合物的提取。溶剂乙醇不仅易于回收，且能够溶解部分不易溶于水的有机化合物。但乙醇提取法在实际操作过程中存在乙醇易挥发，易燃烧，用量大、成本高等缺点。高爽等利用乙醇提取法从 1 kg 地肤子中提取获得 0.958 g 黄酮。

3.1.3　超声辅助提取法

超声波能够通过机械效应、剪切效应以及空化效应使细胞破裂，孔隙率增加，溶剂和材料之间接触面积增加，目标物质快速地溶出，提取率升高。该方法具有提取效率高、节约时间、溶剂用量少和重复性好等优点，已被广泛应用于多个领域。在肖妮洁等的研究中，利用超声波辅助提取工艺从猴耳环中提取总黄酮，优化后总黄酮得率为 2.29%。

3.1.4　酶辅助提取法

天然植物的细胞壁由纤维素构成，其中的有效成分往往被包裹在细胞壁内部。采用酶提取法能有效破坏植物的细胞壁，从而使其中的活性成分最大限度溶出，提取效率大幅提高，进一步促进植物中有效成分的利用。该提取法还具有重复性好、提取条件温和等优点。张琪婧等利用酶辅助闪式提取法从覆盆子中提取总黄酮，总黄酮得率为 1.4 mg/g。

3.1.5　双水相萃取法

双水相萃取技术，能从众多组分体系中提取分离有效物质或去除杂质，具有提取效率高、成本低、提取环境温和以及适用范围广等优点。在实际生产应用中，利用双水相获得的产物提取率高达 90%，同时溶剂消耗量低，因此该项技术在食品加工，医药生产以及天然产物提取中被大规模应用。Vessally 等研究结果显示，将合成的两种深共晶溶剂与 K_3PO_4 结合，配制形成双水相体系，并利用该体系成功分离出布洛芬、对乙酰氨基酚等药物；Nguyen 等利用乙醇/ $(NH_4)_2SO_4$ 双水相体系对鱼腥草进行提取，其中金丝桃苷与槲皮苷的含量最高，分别为 1.57 mg/g 和 4.62 mg/g，表明双水相提取法适用于多数天然成分与药物的制备分离。

3.1.6　协同提取法

在提取过程中，为了克服单一提取方法的不足，发挥多种提取方法的优点，提高总黄酮的提取率与纯度，通常选择两种或多种提取方法来实现黄酮类化合物的高效提取。例如，超声辅助—乙醇提取法：在超声波的空化作用下，溶剂与材料之间的接触面积增加，能够使有效物质快速溶出，且黄酮类化合物更容易溶解在有机溶剂中，从而使黄酮类化合物的提取率大幅提高，节约时间与成本。此外，超声辅助—双水相萃取法也被广泛使用。Lv 等利用超声辅助双水相提取法，从老鹰茶中提取多酚，提取率达7.89%，相比使用单一提取方法，采用多种方法协同作用可以使提取率升高。

3.2　黄酮类化合物的纯化

黄酮类化合物是存在于植物组织中的一大类天然产物，具有广泛的生理活性与药用价值。在医药生产与天然产物的研发中，对黄酮类化合物进行有效分离与纯化是至关重要的步骤。纯化黄酮类化合物的方法包括柱层析法、高效液相色谱法以及膜分离技术等。高效液相色谱法，具有专一性强、灵敏度与准确度高、重复性好等优点，但存在操作与维护过于复杂、仪器成本高、造成环境污染等不足，使该项技术应用范围受到局限。膜分离技术在操作过程中，有高效、节能、环保等优势，但是在使用过程中容易造成膜堵塞，缩短使用寿命等。

由于大孔树脂具有理化性质稳定、容易再生、可用寿命长、操作简单、价格低等优点，被广泛用于黄酮类化合物的分离与纯化中。夏海梅等提取青刺尖总黄酮后，利用 HPD-500 大孔树脂进行纯化，得到总黄酮纯度为 33.19%，较纯化前纯度增加 23.22%；尹翔宇采用 AB-8 大孔树脂纯化甘青铁线莲总黄酮提取液，结果显示，经纯化后的甘青铁线莲总黄酮回收率为 72.32%，纯度提高了约 59%。因此，在纯化总黄酮方面，大孔树脂柱层析法无疑是一种操作难度低、可回收重复利用、高效环保的纯化手段。

3.3　黄酮类化合物的结构表征

由于植物次生代谢产物的丰富度较低且具有化学多样性，因此需要借助灵敏度高且选择性强的分析方法进行结构表征与组分分析，而黄酮类化合物独有的芳香环和酚羟基使它们易于在紫外可见光谱、傅里叶红外光谱下表征结构。同时利用液相色谱—质谱联用法对黄酮类化合物进行定性定量分析的应用越来越频繁。

3.3.1　紫外可见光谱

紫外可见光谱（ultraviolet-visible spectrum，UV-Vis），是利用物质在紫外光和可见光区域的吸收特性，进行定性、定量分析及结构研究的技术。其工作原理为不同物质所含有的分子和离子不同，对紫外可见光的吸收程度也不一样，因此根据吸收程度能够判定物质组成、含量、结构等。该项表征手段已被广泛用于生物、化学、材料科学等多个领域。

3.3.2　傅里叶红外光谱

傅里叶红外光谱（FTIR），是一种高效的表征手段。其原理为：所有物质的原子类型、数量或原子位置都不同，因此产生不同的 FTIR 光谱，对于鉴别化合物类型与化学键组成具有重要意义。例如，在黄酮类化合物的红外光谱图中，3500~3200 cm^{-1} 处有一个强而宽的吸收峰，是羟基的伸缩振动，也是黄酮类化合物的特征吸收峰之一。

3.3.3　液相色谱—质谱联用

液相色谱—质谱联用法（liquid chromatography－mass spectrometry，LC－MS）是一种分离能力强且检测灵敏度高的分析方法。其中液相色谱作为分离系统，质谱作为检测系统，能够对待测样品进行定性与定量分析，准确检测出其中的组成成分与含量。

3.3.4　X-射线衍射分析

X-射线衍射（X-ray diffraction，XRD）是利用 X 射线在晶体物质内部的衍射效应，对物质结构进行分析的方法。目前，该分析方法已被广泛应用于表征材料的晶体学性质，如晶体大小、结晶度和微应变等。

3.3.5　热重量分析

热重量分析（TG/TGA）能够在程序控制温度下，测定物质的质量随温度与时间变化的关系。马国足等对绞股兰、金钱草和金荞麦进行热重分析，结果显示，三种中草药的脂肪质量分数在 0.12%~0.28%，平均质量分数为 0.19%；灰分质量分数在 7.85%~8.66%，平均质量分数为 8.32%；粗纤维质量分数在 21.85%~31.90%，平均质量分数为 26.73%。因此。通过热重分析法，能够明确样品在升温过程中可能产生的中间产物、热稳定性及生成的最终产物等质量信息。

3.4 黄酮类化合物的生物活性

3.4.1 抗氧化活性

抗氧化活性，是指物质对氧化过程的干预能力，即能够延缓或阻止氧自由基的产生以及对机体产生的氧化损伤。黄酮类化合物，如槲皮素，是天然的抗氧化剂之一，具有安全性高和环境友好等特点。麦麦提敏·麦提萨伍尔等从罗汉参中提取总黄酮，证明该黄酮提取物能够提高斑马鱼体内的超氧化物歧化酶、谷胱甘肽过氧化物酶活力水平，降低活性氧的产生，从而减轻斑马鱼整体细胞凋亡，抑制氧化损伤。在牛浩羽等的研究中，竹叶黄酮能够减少氧化损伤细胞中 Keap1 蛋白的表达，增加 Nrf2 蛋白的表达量及核转位，激活 Nrf2 靶基因的转录，表明竹叶黄酮通过激活 Keap1-Nrf2 信号通路，从而发挥抗氧化作用。徐源等从紫苏叶中提取总黄酮，其结果显示紫苏叶黄酮能够有效清除 DPPH 与 ABTS 自由基，IC_{50} 分别为 0.276 mg/mL、0.136 mg/mL，说明该黄酮提取物具有较强的抗氧化活性。Bai 等的研究结果显示，酿酒葡萄（赤霞珠）中的黄酮化合物具有较强的铁离子还原能力，从而增强其在电子转移和金属螯合中的作用，是氧化防御的关键机制。

3.4.2 抗炎活性

炎症是动物机体受有害刺激或损伤后形成的一种生理应答反应。当机体受到外部刺激时，会引发一系列炎症反应，分泌大量促炎因子，包括 TNF-α、IL-6、IL-1β 等；同时会分泌大量抗炎因子，如 IL-4、IL-10、TGF-β1 等以降低机体炎症反应水平。已有大量研究证明，黄酮类化合物具有较强的抗炎能力以应对炎症损伤。胡俊平等的研究结果显示，树莓果渣黄酮能够通过抑制炎症介质（HIS）和 TNF-α 释放、提高抗炎因子 IL-4 和 IL-10 分泌的双向调控机制达到抗炎效果。Kong 提取了中烯酰化黄酮，能够以剂量依赖的方式改善脂多糖诱导的 RAW 264.7 细胞的炎症与氧化应激。Xiang 研究了芫花总黄酮的抗氧化活性与抗炎镇痛作用，结果显示芫花总黄酮在减轻小鼠热刺激引起的疼痛方面具有有效镇痛特性，表明其在抗炎镇痛研究方面具有潜力。林鹏等建立巨噬细胞炎症模型以及斑马鱼皮肤炎症模型，探究地肤子黄酮抗炎效果，结果表明，地肤子总黄酮能够通过抑制巨噬细胞的生长、炎症因子 IL-

1β、IL-6、TNF-α、IFN-γ 和 IL-8 的表达以及中性粒细胞的迁移抑制表皮炎症浸润，从而发挥抗炎作用。

3.4.3　抗菌活性

黄酮类化合物除具有良好的抗氧化与抗炎效果外，还具有较强的抑菌抗菌能力。相关研究表明，黄酮类化合物能够通过靶向 Sae 系统，对金黄色葡萄球菌的多种毒力因子表现出广泛的抑制作用，从而降低细菌的致病性。除直接靶向作用于细菌细胞外，近期的研究表明异戊二烯黄酮还可以抑制毒力因子和生物膜形成，逆转抗生素耐药性，并与抗生素产生协同作用。除抑制金黄色葡萄球菌外，黄酮类化合物还能够抑制大肠杆菌的生长繁殖。总黄酮能够通过抑制核酸或细胞壁的合成直接抑制细菌生长，还可通过调控宿主细胞间接发挥抑菌作用，药物作用能调控相关信号通路，抑制促炎细胞因子的释放，调节免疫细胞分化与活化从而抑制细菌。

3.4.4　抗病毒活性

黄酮类化合物的药理作用还表现在它的抗病毒活性。石崖茶黄酮类成分对 CVB5 病毒的抑制率呈剂量性依赖，随着石崖茶黄酮类成分浓度的不断升高，其对 CVB5 病毒的抑制率也显著升高。在孙海波等的研究中，山楂中黄酮能显著抑制猪流行性腹泻病毒（porcine epidemic diarrhea virus，PEDV）HM2017 的复制，可作为一种针对 PEDV 的抗病毒候选药物。

3.4.5　抗肿瘤活性

恶性肿瘤是人类健康的最大威胁—癌症，癌细胞具有无限增殖、转移扩散及自我净化的特性，这是癌症难以根治的根本原因。如今，恶性肿瘤无法根治仍是现代医学发展的重要难题。现有研究表明，毛蕊异黄酮能够抑制宫颈癌 HeLa 细胞增殖并促进其凋亡来抑制肿瘤发生。庄子钰等制备了穗花杉双黄酮（amentoflavone，AF）聚乳酸—羟基乙酸共聚物［poly（lactic-co-glycolic acid），PLGA］纳米粒（AF-PLGA-NPs），研究了该共聚物纳米粒与穗花杉双黄酮的体外抗肿瘤活性，结果显示，相比穗花杉双黄酮，AF-PLGA-NPs 对肿瘤细胞具有更强的抑制作用。因此，黄酮类化合物在抗肿瘤疾病研究中具有巨大潜力。

3.4.6　降血糖活性

已有许多文献研究报道称，黄酮类化合物还具有降血糖的药理活性。柑橘黄酮中具有降血糖活性的关键成分为 8-异戊烯基柚皮素，该物质有被开发成为降糖药物的潜力。以及洋甘菊总黄酮可能通过抑制醛糖还原酶活性，发挥降血糖作用，改善糖尿病小鼠各项生理指标，延缓糖尿病的发展。

3.4.7 降尿酸作用

高尿酸血症（hyperuricemia，HUA）是一种由嘌呤代谢异常引起的慢性代谢性疾病，其特征是血液中的尿酸水平升高。由高尿酸血症引起的并发症，包括心脑血管疾病、肾脏疾病等，严重威胁人类健康，因此探究高尿酸血症的潜在发病机制与干预治疗高尿酸血症是当前迫切解决的关键问题。

尿酸（uric acid，UA）是嘌呤代谢的最终产物，首先腺苷在腺苷脱氨酶的作用下生成肌苷，肌苷被嘌呤核苷磷酸化酶进一步分解成次黄嘌呤，次黄嘌呤通过黄嘌呤氧化酶（xanthine oxidase，XOD）转化成黄嘌呤，黄嘌呤在 XOD 作用下最终生成尿酸。近年来，越来越多的研究表明 ABCG 2 是一类负责尿酸排泄的关键尿酸转运蛋白，与高尿酸血症的发生息息相关。在 Chen 的研究中发现，在 HK-2 高尿酸血症细胞模型中，桑黄总黄酮能够有效抑制 TLR 4-NLRP 3 信号通路，促进 ABCG 2 蛋白的表达，从而促进尿酸代谢。Huang 等通过设定靶向位点，引导 ABCG 2 启动子去甲基化，结果证明，ABCG 2 启动子的靶向去甲基化可以显著上调其表达，可能有助于调节尿酸水平；而饮食因素，如高蛋白饮食，可能影响 ABCG 2 甲基化，从而促进高尿酸血症的发生。

目前，常用于治疗高尿酸血症的药物有别嘌呤醇、非布司他等。其中，别嘌呤醇通过抑制黄嘌呤氧化酶活性，进而抑制尿酸合成，降低尿酸水平来达到治疗目的，但长期用药容易对患者的肾脏功能产生损伤，存在一定局限性。而黄酮类化合物作为天然产物之一，具有安全性高、副作用小、成本低等优点，在一些疾病治疗与研究中有潜在的开发价值。已有大量文献报道称，黄酮类化合物在高尿酸血症防治方面发挥重要作用。在白宇超等的研究中发现，白子菜总黄酮能够显著降低大鼠 HUA 水平，减缓 HUA 造模剂造成的肝肾损伤。Jiao 等通过研究发现，黄酮化合物能抑制尿酸的产生，并促进尿酸的重吸收和排泄。以及 Meng 等的研究结果显示，凤仙花黄酮通过下调嘌呤代谢关键酶的活性，减少 UA 的产生；同时，凤仙花黄酮还能调节肾脏 UA 转运蛋白质 mRNA 和蛋白表达，促进 UA 排泄。综上所述，黄酮类化合物在预防与治疗高尿酸血症方面具有研究价值与开发潜力。

参考文献

［1］林梦南，苏平．响应面法优化紫苏挥发油的水蒸气提取工艺及其成分研究 ［J］．中国食品学报，2012，12（3）：52-60.

［2］薛山．不同提取方法下紫苏叶精油成分组成及抗氧化功效研究 ［J］．食品工业科技，2016，37（19）：8.

［3］林梦南，苏平，应丽亚，等．紫苏精油微波萃取工艺的响应面优化及其化学成分研究 ［J］．浙江大学学报（农业与生命科学版），2011，37（6）：677-683.

［4］于晶．紫苏茎、叶及花托中有效成分的提取及抑菌抗氧化作用研究 ［D］．吉林：北华大学，2015.

［5］凌育赵．二种方法提取紫苏挥发油的气相色谱—质谱比较 ［J］．中国调味品，2005（11）：18-20.

［6］段志兴，孙小文，马昭礼．沙漠植物百花蒿精油中酯类和萜类成分的研究 ［J］．分析测试学报，1996（5）：68-72.

［7］REIS-VASCO E M C，COELHO J A P，PALAVRA A M F. Comparison of pennyroyal oils obtained by supercritical CO₂ extraction and hydrodistillation ［J］. Flavour & Fragrance Journal，2015，14（3）：156-160.

［8］刘晓丽，钟少枢，于泓鹏，等．微波法和水蒸气蒸馏法提取丁香精油的研究 ［J］．食品与机械，2012，28（4）：110-112.

［9］刘小琴，万福珠，郑世玲．紫苏挥发油抑制皮肤癣菌及 O₂⁻ 的作用 ［J］．天然产物研究与开发，2001，13（5）：39-41.

［10］姚秀玲，朱惠丽，吕晓玲．紫苏提取物对过氧化氢引起的溶血反应和小鼠肝匀浆脂质过氧化物生成的抑制作用 ［J］．天津中医药大学学报，2005，24（3）：126-128.

［11］任永欣，沈映君，曾南．紫苏叶挥发油抗炎作用的实验研究 ［J］．四川生理科学杂志，2001，23（3）：1.

［12］王健，薛山，赵国华．紫苏不同部位精油成分及体外抗氧化能力的比较研究 ［J］．食品科学，2013，34（7）：86-91.

［13］TIAN J，ZENG X，ZHANG S，et al. Regional variation in components and antioxidant and antifungal activities of Perilla frutescens，essential oils in China ［J］. Industrial Crops & Products，2014，59（59）：69-79.

［14］林硕，邵平，马新，等．紫苏挥发油化学成分 GC/MS 分析及抑菌评价研究 ［J］．核农学报，2009，23（3）：477-481.

［15］吴新，金鹏，孔繁渊，等．植物精油对草莓果实腐烂和品质的影响 ［J］．食品科学，2011，32（14）：323-326.

[16] 李红艳，顾松，沈立荣，等.7种植物精油对腌肉、咸鲞害虫丝光绿蝇的熏蒸毒力测定 [J]. 浙江农业科学，2007，83（1）：106-108.

[17] 杨群芳，周祖基，李庆. 植物精油对云南松纵坑切梢小蠹的驱避活性研究 [J]. 西南农业大学学报，2003，25（4）：357-359.

[18] 张波，叶杨. 紫苏精油对博物馆害虫白腹皮蠹驱避性及毒力测试研究 [J]. 科学教育与博物馆，2015，1（4）：244-249.

[19] 源丽枫，陈科伟，曾伶，等. 植物精油对锈赤扁谷盗成虫熏蒸毒杀作用研究 [J]. 环境昆虫学报，2017，39（1）：207-212.

[20] 潘晓岚. 三种芳香植物精油香气对缓解焦虑作用的研究 [D]. 上海：上海交通大学，2009.

[21] GREENWALD P, CLIFFORD C K, MILNER J A. Diet and cancer prevention [J]. European Journal of Cancer, 1994（8）：44.

[22] AEM A, DARWISH S M, EHE A, et al. Egyptian mango by-product 2：Antioxidant and antimicrobial activities of extract and oil from mango seed kernel [J]. Food Chemistry, 2007, 103（4）：1141-1152.

[23] Emmanuel Omari-siaw. 紫苏醛脂质纳米粒的制备及其药代动力学/药效学评价研究 [D]. 镇江：江苏大学，2016.

[24] TAKAGI S, GOTO H, SHIMADA Y, et al. Vasodilative effect of perillaldehyde on isolated rat aorta [J]. Phytomedicine International Journal of Phytotherapy & Phytopharmacology, 2005, 12（5）：333.

[25] 李奕星，李芬芳，陈娇，等.3种植物精油对采后红毛丹的保鲜作用. 热带作物学报 [J]，2018，39（1）：168-173.

[26] VASISHTHA N, SCHLAMEUS H W, BARLOW D E. Microencapsulation of oxygen or water sensitive materials：CA, 2499423 A1 [P]. 2004.

[27] 张茜青. 蛋白基料在微胶囊制备中的应用 [D]. 天津：天津大学，2015.

[28] PATEL A R, REMIJN C, HEUSSEN P C, et al. Novel low-molecular-weight-gelator-based microcapsules with controllable morphology and temperature responsiveness. [J]. Chemphyschem, 2013, 14（2）：305-310.

[29] 张强，韦婉珍，罗小莉，等. 响应面优化南酸枣叶多糖的提取工艺及其抗氧化活性 [J]. 食品研究与开发，2021，42（22）：150-156.

[30] 刘涵，李咪，孙盼盼，等. 酶法提取木槿花多糖工艺 [J]. 食品工业，2022，43（4）：12-15.

[31] 郭鑫，赵金艳，赵博，等. 油茶籽壳多糖超声辅助提取工艺优化及抗氧化活性研究 [J]. 中国油脂，2024（10）：104-109.

[32] 朱佳琳，李建凤. 微波提取无花果树叶多糖研究 [J]. 饲料研究，2021，44（18）：79-82.

［33］ 王娜，邹恺平，刘顺，等.索尼娅石斛多糖亚临界水提取工艺优化研究［J］.中国药业，2023，32（11）：54-57.

［34］ 冯思敏，廖伟先，潘杰峰，等.铁皮石斛多糖的低共熔溶剂提取工艺优化［J］.食品工业科技，2024，45（3）：218-225.

［35］ 尹国友，孙婕，澹博，等.双水相萃取韭籽粕多糖的工艺优化及其抗氧化活性研究［J］.食品科学技术学报，2021，39（2）：134-142.

［36］ YE X，ZHAO Z，WANG W.Structural characterization and antioxidant activity of an acetylated Cyclocarya paliurus polysaccharide（Ac-CPP0.1）［J］.International Journal of Biological Macromolecules，2021，171：112-122.

［37］ CHEN T L，SONG T T，SUN X，et al.Regulatory Effect of Angelica sinensis Polysaccharide on Bcl-2/Bax/Caspase-3 Signal Pathway in Spleen of Rats with Radiation Injury［J］.Journal of Biobased Materials and Bioenergy，2020，14（4）：579-583.

［38］ SU D，LI S，ZHANG W，et al.Structural elucidation of a polysaccharide from Lonicera japonica flowers，and its neuroprotective effect on cerebral ischemia-reperfusion injury in rat［J］.International journal of biological macromolecules，2017，99：350-357.

［39］ LIU F，OOI V E C，CHANG S T.Free radical scavenging activities of mushroom polysaccharide extracts［J］.Life sciences，1997，60（10）：763-771.

［40］ 马盖凡，姜雪莲，孟燕，等.艾根多糖的结构特征及免疫活性研究［J］.中国医院药学杂志，2023，43（8）：848-854.

［41］ 查苏娜，苏日娜，齐和日玛，等.刺玫根多糖对环磷酰胺诱导的免疫抑制小鼠的免疫调节作用［J］.天然产物研究与开发，2024，36（2）：196-205，292.

［42］ 王成志，张晓青，刘一帆，等.黄芪多糖调控免疫细胞抗肿瘤作用机制研究进展［J］.中华中医药学刊，2024，42（8）：122-127.

［43］ 宋巧英，张坤朋，翁少亭，等.栝楼籽多糖的提取工艺、初级结构及降血糖活性［J］.精细化工，2024，41（1）：137-146.

［44］ 田谷正男，周鑫超，颉若童，等.黄连须多糖降血糖活性及结构表征［J］.中草药，2023，54（6）：1825-1832.

［45］ 梁进.茶叶多糖的化学修饰及体外抗凝血作用研究［D］.合肥：安徽农业大学，2008.

［46］ 闻志莹，蔡为荣，丁伯乐.香椿籽多糖的分离纯化及其体外抗凝血活性［J］.食品科技，2020，45（2）：225-230.

［47］ 张浩琪，魏华琳，刘宾，等.大蒜多糖对小鼠肠道微生态的益生元功能研究［J］.中国微生态学杂志，2012，24（2）：134-138.

［48］ GAO H，ZHANG W，WU Z，et al.Preparation，characterization and improvement in intestinal function of polysaccharide fractions from okra［J］.Journal of Functional Foods，2018，50：147-157.

［49］ 王广. 党参多糖对肠道菌群失调小鼠的调整作用机制的初步研究 ［D］. 佳木斯：佳木斯大学, 2010.

［50］ 石丹, 张宇. 蒲公英多糖对小鼠肠道微生态的调节作用 ［J］. 微生物学免疫学进展, 2016, 44 （3）：49-53.

［51］ 赵芷萌, 赵宏, 王宇亮, 等. 百合多糖的纯化及其对肠道菌群失调小鼠的调节作用 ［J］. 食品工业科技, 2020, 41 （8）：295-300, 306.

［52］ 吴莉, 舒青龙, 刘玉琼, 等. 黄芪多糖和炙黄芪多糖调节大鼠肠道菌群组成与多样性的比较研究 ［J］. 中药药理与临床, 2021, 37 （4）：40-47.

［53］ 梁金花, 郑科文, 金大伟. 黄芪多糖对溃疡性结肠炎大鼠肠道菌群调节作用的研究 ［J］. 中国中医药科技, 2012, 19 （4）：331-332.

［54］ TAO J H, DUAN J A, JIANG S, et al. Polysaccharides from Chrysanthemum morifolium Ramat ameliorate colitis rats by modulating the intestinal microbiota community ［J］. Oncotarget, 2017, 8 （46）：80790.

［55］ 鲍龙, 李杰, 胡明虎, 等. 响应面法优化水浴法提取雪莲果叶黄酮及抗氧化活性研究 ［J］. 农产品加工, 2025 （2）：70-75.

［56］ 高爽, 甘娜, 冯新源, 等. 地肤子黄酮乙醇提取法优化及抗炎功效 ［J］. 北华大学学报 （自然科学版）, 2024, 25 （6）：791-794.

［57］ 肖妮洁, 邓丽丽, 陈硕, 等. 响应面优化猴耳环中总黄酮和没食子酸的超声波辅助提取工艺 ［J］. 湖北农业科学, 2025, 64 （1）：109-118, 211.

［58］ 冯思敏, 廖伟先, 潘杰峰, 等. 铁皮石斛多糖的低共熔溶剂提取工艺优化 ［J］. 食品工业科技, 2024, 45 （3）：218-225.

［59］ VESSALLY E, RZAYEV R. Application of deep eutectic solvent-based aqueous two phase systems for extraction of analgesic drugs. RSC Adv. 2024; 14 （46）：34253-34260.

［60］ NGUYEN MH, NGUYEN LT, NGUYEN LE TH, et al. Response surface methodology for aqueous two-phase system extraction: An unprecedented approach for the specific flavonoid-rich extraction of *Houttuynia cordata* Thunb. leaves towards acne treatment. Heliyon. 2024; 10 （4）：e25245.

［61］ LV M, ZHENG JJ, ZULU L, et al. Ultrasonic-assisted aqueous two-phase extraction and purification of polyphenols from hawk tea （*Litsea* coreana var. *lanuginose*）：Investigating its impact on starch digestion ［J］. Food Chemistry, 2025, 464 （Pt 2）：141727.

［62］ 夏海梅, 张娅, 王莉, 等. 青刺尖总黄酮提取、分离纯化工艺优化优化 ［J］. 山西农业科学, 2025, 8：173-180.

［63］ 尹翔宇, 王宝山, 罗宝军, 等. 甘青铁线莲总黄酮提取、纯化及抗氧化活性研究 ［J］. 中兽医医药杂志, 2025, 44 （1）：18-25.

［64］ 马国足, 蓝婷, 梁清丽, 等. 基于微量元素和热重分析指标绞股蓝、金钱草、金荞麦多指标计量分析 ［J］. 云南化工, 2024, 51 （7）：94-99.

［65］麦麦提敏·麦提萨伍尔，李彤，倪雅迪，等. 罗汉参黄酮抗氧化物质基础及作用机制探讨［J/OL］. 食品工业科技，1-18［2025-6-19］.

［66］牛浩羽，詹经纬，谭健，等. 竹叶黄酮通过调节抗氧化通路和自噬缓解奶牛乳腺上皮细胞氧化应激的作用机制［J］. 动物营养学报，2024，36（7）：4677-4692.

［67］林文翰，陈学军，郎伟军，等. 多糖抗肿瘤作用及相关机制研究［J］. 哈尔滨商业大学学报（自然科学版），2019，35（5）：534-538.

［68］BAI S J, TAO X Q, HU J G, et al. Flavonoids profile and antioxidant capacity of four wine grape cultivars and their wines grown in the Turpan Basin of China, the hottest wine region in the world［J］. Food Chemistry, 2025.

［69］胡俊平，朱芳. 树莓果渣黄酮抗氧化、抗炎镇痛作用及其机制研究［J］. 中国食品添加剂，2023，34（7）：197-203.

［70］KONG S S, LIU Y L, TANG R Y, et al. Ultrasound-assisted extraction of prenylated flavonoids from Sophora flavescens: Optimization, mechanistic characterization, antioxidant and anti-inflammatory activities［J］. Industrial Crops and Products, 2025.

［71］XIANG Y, LIU Z, LIU Y, et al. Ultrasound-assisted extraction, optimization, and purification of total flavonoids from *Daphnegenkwa* and analysis of their antioxidant, anti-inflammatory, and analgesic activities［J］. Ultrasonics Sonochemistry, 2024, 111: 107079.

［72］闻志莹，蔡为荣，丁伯乐. 香椿籽多糖的分离纯化及其体外抗凝血活性［J］. 食品科技，2020，45（2）：225-230.

［73］李博远，李心欣. 黄芪黄酮的化学成分及其药理作用研究进展［J］. 特种经济动植物，2024，27（11）：104-106.

［74］庄子钰，张帅，王渤达，等. 穗花杉双黄酮 PLGA 纳米粒的制备、表征及其体外抗肿瘤活性［J］. 山西医科大学学报，2024，55（11）：1437-1442.

［75］白宇超，许秋双，于凤，等. 白子菜总黄酮纯化物对急性高尿酸血症大鼠作用研究［J］. 天津中医药大学学报，2023，42（4）：479-485.

［76］JIAO L, WANG R, DONG Y, et al. The impact of chrysanthemi indici flos-enriched flavonoid part on the model of hyperuricemia based on inhibiting synthesis and promoting excretion of uric acid［J］. Journal of Ethnopharmacology, 2024, 333: 118488.

［77］MENG W Y, CHEN L L, OUYANG K H, et al. *Chimonanthus nitens* Oliv. leaves flavonoids alleviate hyperuricemia by regulating uric acid metabolism and intestinal homeostasis in mice［J］. Food Science and Human Wellness, 2023.

第二篇
紫苏精油提取及其
保鲜膜的制备和
性能研究

紫苏（*Perilla frutescens* L.）又名赤苏、红苏、香苏等，是唇形科紫苏属一年生药食同源草本植物，具有特异的芳香。紫苏广泛种植于中国、日本、韩国和印度等亚洲国家，并作为一种传统中药被《中国药典》记录在册。在我国，紫苏已有2000多年的栽培历史，由于紫苏籽、叶片、根茎等富含多种活性物质和营养物质，具有抗氧化、抑菌、抗过敏、消炎、降血脂、保护肝脾、改善记忆力、预防癌变及老年痴呆等作用，现已广泛用于食品、药品、化妆品、香料等领域。近年来，紫苏由于具有独特的营养物质和活性物质，已成为具有较高经济价值的多用途植物，在世界范围内引起越来越多的关注。美国、加拿大、日本等全球多个国家对紫苏作物的栽培与利用已经达到商业化规模，大力开发出多种紫苏衍生产品，如紫苏保健油、紫苏风味饮品及饼干、紫苏保健药品和紫苏精油皂等。

紫苏精油是通过特定的提取方法从紫苏叶或秸秆中得到的一种高挥发性芳香油状物质。紫苏精油性温、无毒，具有高抗氧化、抗菌、抗炎、杀虫、抗癌和抗抑郁等多种活性，紫苏叶精油还可以起到润肺止渴、祛痰止咳、补中益气的作用。目前，有关紫苏叶精油的研究与利用受到科研领域的普遍关注，在烘焙食品、饮料、冷冻乳制品、布丁、加工蔬菜和汤类中被广泛使用。此外，紫苏精油已经被证明是比化学合成的食品防腐剂和杀

虫剂更可靠和有效的生物试剂。因此，紫苏叶精油在医药、食品、化妆品以及化学化工领域均带来了可观的经济效益，极具科学研究价值和市场开发潜力。

紫苏精油成分复杂多变，因其品种、产地、收获季节、土壤成分及提取方法等的不同而导致精油的化学成分及含量的显著差异。根据紫苏精油所含化学成分的不同，可将其分为 6 种化学型：以紫苏醛为主成分的 PA 型、以紫苏酮为主成分的 PK 型、以香薰酮为主成分的 EK 型、以紫苏烯为主成分的 PL 型、以类苯丙醇为主成分的 PP 型和以反柠檬醛为主成分的 C 型。王健等采用 GC-MS 法检测同时蒸馏萃取法所提取紫苏精油的化学成分，鉴定出 40 种成分，其中有 7 种成分相对含量超过 1%，含量较多的有 2-己酰呋喃和 4-（2-甲基环己烯）-2-丁烯醛，含量分别为 50.45% 和 22.62%。邵平等采用水蒸气蒸馏法提取紫苏精油并通过 GC-MS 法分析精油化学组成，结果显示，紫苏精油的主要成分有紫苏醛、石竹烯、柠檬烯、法呢烯和葎草烯等，还有一些其他微量组分，且紫苏醛是紫苏叶精油中含量最多的组分，其含量高达 89.4%。方荣美等提取三峡库区万州产地紫苏叶精油，并通过气相色谱法对精油中紫苏醛含量进行分析，得知其紫苏醛含量为 18.34%。蒋军辉等采用 GC-MS 法定性分析经水蒸气蒸馏法提取得到的湖南地区紫苏精油化学成分，共鉴定出 51 种紫苏精油化合物，其主要组成成分为烯萜类及其含氧化合物。林梦南等采用微波辅助溶剂提取法从紫苏叶中萃取精油，并用 GC-MS 分析鉴定出紫苏醛、柠檬烯等 17 种成分，占紫苏精油总量的 80.61%，其中紫苏醛和柠檬烯含量分别为 44.54% 和 15.7%。对相同的紫苏叶采用水蒸气蒸馏法提取精油并通过响应曲面法优化提取工艺，在最优条件下获得的精油经 GC-MS 分析鉴定，其紫苏精油同样以紫苏醛和柠檬烯含量最高，分别为 35.33% 和 29.09%。

紫苏叶精油也存在很多缺点，包括强挥发性、光敏感性、易降解性且极易被氧化性，精油不可控制的重量损失和挥发速率只能使精油发挥短期效应，这些缺点在一定程度上限制了精油在农业、食品、化妆品和医药等行业的应用。因此，利用多聚物包裹精油的微胶囊技术可以克服这些不利因素，有效降低其挥发性并增强其稳定性。国内外关于紫苏叶精油微胶囊的研究相对较少，田香楠等以 β-环糊精及其衍生物为壁材，利用饱和水溶液法对紫苏精油进行微胶囊化包合，结果表明，精油的稳定性在包合后显著增强。苏刘华等以壳聚糖、蔗糖、葡萄糖 3 种物质为壁材，利用喷雾干燥法制备紫苏精油微胶囊并用于烟草加工领域，结果表明，紫苏精油微胶囊的添加可以有效改善或提高烟草的品质、增加香味、降低烟草刺激度、改善口腔湿润度。但有关利用其他壁材和微胶囊化方法制备紫苏精油微胶囊的研究，国内外未见报道。

目前，我国对紫苏资源的开发利用主要以紫苏植株原料和紫苏籽油产品供应市场为主，其产品形式比较单一、附加值较低。我国紫苏资源的产业优势和潜力还没有得到充分发挥。因此，开发除紫苏籽油以外的紫苏活性成分势在必行。而紫苏精油作为紫苏香气的最主要来源，其开发利用更具有广阔前景。因此以紫苏为原料进行精油的提取、分离，深入了解紫苏精油的优势与缺点，并结合抗氧化活性和抑菌活性等研究评估紫苏精油活性的强弱，并开发紫苏精油相关产品，为后续进行天然抗氧化剂、防腐剂的开发提供依据。

第4章　紫苏精油提取影响因素研究

　　紫苏是我国传统的药食同源高价值植物资源，其叶片含有挥发油，前期有关紫苏精油提取方面的研究缺乏系统性，不利于紫苏精油的活性及应用研究，因此有必要优化紫苏精油的提取工艺，以满足科研及后期成果转化对紫苏精油的需求。

　　目前提取植物精油的常用方法有水蒸气蒸馏法、有机溶剂萃取法、超临界流体萃取法和超声波萃取法等。其中，水蒸气蒸馏法是植物精油提取最有效的方法，该方法控制蒸馏时间是关键，否则会导致精油中某些成分被氧化或分解。由于紫苏精油是一种由多种化合物组成的混合型天然产物，其活性的强弱往往取决于精油中各组分的比例，因此，通过适当的提取法使精油各组成成分保持在恰当的比例以发挥其最大功效极为重要。

4.1　不同提取法紫苏精油比较

　　分别采用以下3种方法提取紫苏精油并分别测定3种提取方法所得紫苏精油的折光指数、相对密度、酸值和酯值：

　　（1）超声辅助有机溶剂提取（ultrasonic-assisted extraction，UASE）法

　　以干燥粉碎、过80目筛的紫苏叶粉末为原料，按照液料比为1∶20的比例加入正己烷，40 ℃超声辅助提取90 min，活性炭脱色后减压浓缩，所得提取液加入无水乙醇，-20 ℃冷冻过夜，过滤，滤液真空浓缩即得紫苏精油。

　　（2）水蒸气蒸馏提取（steam distillation，SD）法

　　将干燥粉碎、过80目筛的紫苏叶粉末置于烧瓶中，按料液比为1∶10加入蒸馏水进行提取，提取时间5 h，提取温度100 ℃。

　　（3）超临界 CO_2 萃取提取（supercritical carbon dioxide extraction，SFE-CO_2）法

　　称取紫苏叶片粉碎物1000 g，放入超临界 CO_2 萃取釜中，以3%的无水乙醇做夹带剂，萃取条件为：粉粉碎粒径60目、萃取压力40 MPa、萃取温度50 ℃、萃取时间3.0 h、CO_2 流速25 kg/h。

从表 4-1 中可以看出，SFE-CO₂ 法精油提取率最高，可达到 3.56%，UASE 法次之，提取率为 1.46%，SD 法最低。SFE-CO₂ 和 UASE 法提取率分别为 SD 法的 4.34 和 2.44 倍。但是 SFE-CO₂ 法所得精油静置后出现少量沉淀，香气比较复杂，可能是紫苏叶中的一些其他成分在萃取过程中随精油一起被萃取出来，所以有必要进行进一步的鉴定及纯化。SE 法所得精油为黄绿色澄清液体，香气较浓郁，但有强烈的有机溶剂气味残留，不能直接用于食品、医药等领域，需要进一步纯化。SD 法精油提取率虽然较低，但是所得精油为标准的浅黄色澄清液体，气味比较纯净，香气温和，虽含有少量水分，但其进一步分离纯化比较方便。同时 SD 法所得精油的相对密度较超临界和溶剂法低，这主要是因为水蒸气蒸馏法制得的精油是随着水蒸气蒸馏出来的一些沸点较低的轻组分，许多沸点比较高的大分子组分还残留在料液混合物中，这也是 SD 法精油提取率较低的主要原因之一。超声辅助有机溶剂提取法所得紫苏精油酸值最高，可能是由于有机溶剂将紫苏叶中的一些酸性成分溶解出来。三种提取方法所得紫苏精油酯值都很接近。

表 4-1　紫苏精油理化指标的检测及与同类产品的比较

类别	UASE	SD	SFE-CO₂
提取率/%	1.46	0.82	3.56
外观	澄清油状液体	澄清油状液体、含有少量水分	澄清油状液体，静置后有少量沉淀
色泽	黄绿色	浅黄色	浅黄色
气味	气味明显，较浓郁，有强烈的有机溶剂气味残留	紫苏特有的香气，气味比较纯正、柔和	紫苏香气明显，还有一些其他杂味，香气体系较为复杂。
相对密度/（kg/m³）	0.9474	0.9245	0.9427
折光率	1.4869	1.4711	0.4855
酸值/（mg KOH/g）	1.0313	0.3587	0.5372
酯值/（mg KOH/g）	14.2428	13.9660	14.0847

4.2 紫苏精油鉴定

4.2.1 功能团鉴定

酚类化合物：将紫苏精油溶于乙醇溶液，加入 $FeCl_3$ 的乙醇溶液，如产生蓝色、蓝紫或绿色反应，表明紫苏精油中有酚类化合物存在。

醛类化合物：将紫苏精油与硝酸银的氨溶液反应，如发生银镜反应，则表示有醛类等还原性化合物存在。

羰基化合物：将紫苏精油与苯肼及苯肼衍生物、氨基脲等试剂反应，如产生结晶衍生物，则说明有羰基化合物存在。

不饱和化合物和奥类衍生物：将紫苏精油与少量溴的氯仿溶液反应，如红色褪去，则表示精油中含不饱和化合物，如与过量溴的氯仿溶液反应出现蓝色、绿色或紫色，则表明含奥类化合物。

如表 4-2 所示，3 种提取方法所得紫苏精油的成分类别大致相同，其主要官能团几乎都呈阳性反应，包含一些不饱和化合物、羰基化合物、奥类衍生物等。因此，从上述数据可知，用 3 种不同提取方法所得紫苏精油相差不大，还需要进行更精细检测。

表 4-2 紫苏精油官能团的鉴定

官能团	SE	SD	SCFE-CO$_2$
酚类化合物	+	+	+
醛类化合物	+	+	+
羰基化合物	+	+	+
不饱和化合物	+	+	+
奥类衍生物	+	+	+

注 "+"表示阳性反应，"-"表示阴性反应。

4.2.2 组分分析

分析采用 Trace 1300 系列气相色谱与 ISQ 单四极杆质谱检测器（thermo fisher scientific USA）相连，与气相色谱连接的柱子为 TR-5MS 毛细管柱

（30 m×0. 25 mm×0. 25 μm）。检测升温程序：55 ℃保持 3 min，以 3 ℃/min 的速率升到 250 ℃，保持 5 min；进样口温度 250 ℃；检测器温度 280 ℃；载气为氮气 1 mL/min。精油处理后以色谱纯正己烷稀释，进样量 1 μL，分流比为 5∶1。质谱条件为：电子轰击源，电离能量 70 eV，电子电离质谱范围在 m/z 33-550。

3 种提取方法所得紫苏精油化学成分比较结果见表 4-3。

表 4-3　3 种提取方法所得紫苏叶精油化学成分比较

编号	RTa	化合物	含量/%		
			UASE	SD	SFE-CO$_2$
1	6. 06	甲醛	0. 53	0. 46	0. 65
2	6. 34	辛烯	0. 12	0. 03	0. 13
3	11. 37	芳樟醇	0. 84		0. 91
4	16. 74	1-亚乙基八氢-7-甲基-1-茚	2. 42	1. 88	0. 53
5	17. 73	2-己酰基呋喃	22. 54	16. 88	22. 48
6	19. 6	2-甲基-3-酮-5-（3-呋喃基）-1-戊烯	1. 65	2. 29	1. 36
7	19. 93	1-甲基-2-亚甲基反式萘烷			2. 32
8	20. 00	百里香醌	11. 10	32. 14	32. 54
9	23. 24	（E）-β-大马烯酮	0. 29		
10	24. 88	石竹烯	9. 34	0. 26	8. 74
11	26. 1	2-酮-3,6-二甲基-3-（1-丙基）-4,6-庚二烯	1. 01	0. 18	2. 09
12	26. 34	葎草烯	1. 43		
13	26. 42	（E）-β-法尼烯	0. 56		1. 41
14	26. 52	1,1,3,6-四甲基-3-乙烯基-3,3,3, 7,8,8-六氢-1-异色烯	1. 06	6. 62	0. 83
15	28	反式-香柑油烯	7. 12	8. 02	9. 31
16	28. 53	α-法尼烯	1. 26	0. 52	1. 32
17	28. 62	2,4-二叔丁基苯酚			0. 67
18	29. 02	肉豆蔻醚（增效烯）	1. 20		
19	29. 42	斯巴醇	2. 01		2. 14
20	29. 44	反式-缬草萜烯醇乙酸酯		2. 51	
21	30. 72	橙花叔醇	0. 99		

编号	RTa	化合物	含量/%		
			UASE	SD	SFE-CO₂
22	31.33	石竹烯氧化物	1.35	0.50	1.38
23	32.38	7-甲基十五烷		0.78	
24	32.39	2,6,10-三甲基正十四烷	0.79		
25	32.84	洋芹醚	0.76		
26	34.15	依兰油醇	0.72		
27	34.17	6-甲基十八烷		1.65	
28	36.09	十七烷	0.37	1.25	
29	36.12	9,10-脱氢异长叶烯			1.00
30	43.86	棕榈酸（十六烷酸）甲酯		0.58	
31	45.02	棕榈酸	2.66		
32	45.44	3-乙基-5-(2-乙丁基)-十八烷			0.22
33	49.24	油酸(十八烯酸)甲酯	3.14	0.28	
34	49.54	叶绿醇	0.83	3.14	
35	49.6	1-(4-戊基环己基)-4-丙基苯	0.08	2.10	1.04
36	51.8	1-羟基-3-甲基-5-(7-异丙烯基-4,5-二甲基-八氢茚基)-2-戊烯			0.68
37	52.56	乙酸十八酯	3.32	0.15	
38	57.61	己二酸二异辛酯	2.68	5.35	0.74
39	57.84	2,2′-亚甲基双[6-(1,1-二甲基乙基)]-4-甲基-苯酚	0.26	0.35	0.36
40	58.05	二十烷	2.45		
41		合计	84.88	87.92	92.85

UASE 法所提取的紫苏精油共检测出 31 种组分，其检出率为 84.88%，且其主要成分以萜烯类化合物为主，有 11 个萜烯类化合物，总相对百分含量为 46.98%，其中相对含量最高的为己酰基呋喃，达 22.54，其他萜烯则包括石竹烯（9.34%）、反式-香柑油烯（7.12%）、葎草烯（1.43%）、石竹烯氧化物（1.35%）、α-法尼烯（1.26%）等；除此之外，相对含量较高的化合物还包括百里香醌（11.10%）、斯巴醇（2.01%）、棕榈酸（2.66%）、乙酸十

八酯（3.32%）等化合物。

SD 法所得精油共检出 23 种组分，其检出率为 87.92%，相比于 UASE 法，水蒸气蒸馏的紫苏精油其组分相对较少，且其主要成分以萜烯类化合物为主，有 9 个萜烯类化合物，总相对百分含量为 35.34%，其相对含量最高的为己酰基呋喃，可达 16.88%，其他萜烯则包括反式-香柑油烯（7.12%）、1,1,3,6-四甲基-3-乙烯基-3,3,3,7,8,8-六氢-1H-异色烯（6.62%）、2-甲基-3-酮-5-（3-呋喃基）-1-戊烯（2.29%）。除此之外，相对含量较高的化合物还包括：百里香醌（32.14%）、叶绿醇（3.14%）、己二酸二异辛酯（5.35%）等化合物。

SFE-CO_2 法所得精油共检出 23 种组分，其检出率为 92.85%，相比于 UASE 法和 SD 法，超临界 CO_2 萃取的紫苏精油其组分相对较少，但含量较多。超临界所得精油主要成分以萜烯类化合物为主，有 12 个种，总相对百分含量为 50.73%，其中相对含量最高的为 2-己酰基呋喃，可达 22.48%，其他萜烯则包括反式香柑油烯（9.31%）、石竹烯（8.74%）、石竹烯氧化物（1.38%）等；除此之外，相对含量较高的化合物还包括：百里香醌（32.54%）、斯巴醇（2.14%）等化合物。

从表 4-4 可以看出，3 种不同提取方法得到的精油中共同检测到 15 种共有成份。UASE 法所得精油主要成分为 2-己酰基呋喃（22.54%），其次是百里香醌（11.1%）和石竹烯（9.34%），SD 法和 SFE-CO_2 萃取法所得精油主要成分均为百里香醌，含量都超过 35%，其次是 2-己酰基呋喃，分别为16.88% 和 22.48%。与 SD 法相比，UASE 法和 SFE-CO_2 法所得精油的百里香醌含量较高。

表 4-4　3 种精油共同检测出的化合物

编号	RT	化合物	含量/%		
			UASE	SD	SFE-CO_2
1	6.06	苯甲醛	0.53	0.46	0.65
2	6.34	辛烯	0.12	0.03	0.13
3	16.74	1-亚乙基八氢-7-甲基-1-茚	2.42	1.88	1.53
4	17.73	己酰基呋喃	22.54	16.88	22.48
5	19.60	2-甲基-3-酮-5-（3-呋喃基）-1-戊烯	1.65	2.29	1.36
6	20.00	百里香醌	11.1	32.14	32.54
7	24.88	石竹烯	9.34	0.26	8.74

编号	RT	化合物	含量/%		
			UASE	SD	SFE-CO$_2$
8	26.1	2-酮-3,6-二甲基-3-(1-丙基)-4,6-庚二烯	1.01	0.18	2.09
9	26.52	1,1,3,6-四甲基-3-乙烯基-3,3,3,7,8,8-六氢-1H-异色烯	1.06	6.62	0.83
10	28.00	反式-香柑油烯	7.12	8.02	9.31
11	28.53	α-法尼烯	1.26	0.52	1.32
12	31.33	石竹烯氧化物	1.35	0.5	1.38
13	49.60	1-(4-戊基环己基)-4-丙基苯	0.08	2.10	1.04
14	57.61	己二酸二异辛酯	2.68	5.35	0.74
15	57.84	2,2'-亚甲基双[6-(1,1-二甲基乙基)]-4-甲基-苯酚	0.26	0.35	0.36

从表4-5中可以看出3种精油的主要成分均为萜烯类化合物，其中超临界精油检测出的萜烯化合物的含量最多，高达50.73%，水蒸气蒸馏精油的萜烯化合物种类少且含量也最少，仅为35.34%。有机溶剂所得精油的成分相对复杂，检测到酮类、醚类、酸类物质的存在，且其醇类物质的种类及含量都较大。水蒸气蒸馏精油烃类化合物含量相对较高，为7.66%。超临界油酯类和酮类物质种类及烃类化合物含量都较少，酚类化合物则较多。

表4-5 3种精油的成分分布情况

类别	超声辅助有机溶剂法		水蒸气蒸馏法		超临界CO$_2$萃取法	
	种类/种	含量/%	种类/种	含量/%	种类/种	含量/%
萜烯类化合物	12	48.64	9	35.34	12	50.73
醇类化合物	5	5.39	1	3.14	2	3.05
醛类化合物	1	0.35	1	0.46	1	0.65
酮类化合物	1	0.29	0	0	0	0
醌类化合物	1	11.10	1	32.14	1	32.54
醚类化合物	1	0.76	0	0	0	0
酯类化合物	3	9.14	5	8.87	1	0.74

续表

类别	超声辅助有机溶剂法		水蒸气蒸馏法		超临界 CO_2 萃取法	
	种类/种	含量/%	种类/种	含量/%	种类/种	含量/%
酸类化合物	1	2.66	0	0	0	0
酚类化合物	1	0.26	1	0.35	2	1.03
烃类化合物	5	6.11	5	7.66	4	4.11

通过以上比较可知，3 种提取紫苏精油的方法各有利弊，可依据实验的成本和可操作性，选择适宜的方法提取紫苏精油。

4.3　水蒸气蒸馏法提取紫苏精油工艺优化

4.3.1　不同提取因素对精油提取率的影响

以料液比（1∶5、1∶10、1∶15、1∶20 和 1∶30）、浸泡时间（0 h、2 h、4 h、6 h 和 8 h）、提取时间（1 h、2 h、3 h、4 h 和 5 h）和粉碎粒径（60 目、80 目、100 目、120 目和 140 目）为因素考察其对紫苏叶精油提取率的影响。

液料比是植物精油提取过程中极为重要的影响因素之一。料液比对紫苏精油提取率的影响如图 4-1 所示，随着液料比的增加，紫苏精油的提取率逐渐增加，这可能是因为在一定浓度范围内，随着液料比的增加，物料与水充分接触，蒸汽的释放速度提高，增加了传质，有利于紫苏精油的充分提取。当料液比为 1∶15 时，提取率最佳。随着料液比继续增加，紫苏精油提取率逐渐降低，可能是由于冷凝回收效率降低。因此，在冷凝效果一定的情况下，选择合适的液料比对精油的提取率极为重要，综合考虑节能等因素，选择液料比为 1∶15 较为合理。

浸泡时间对紫苏精油提取率的影响如图 4-2 所示，随着浸泡时间的增加，紫苏精油的提取率先逐渐增加，后趋向稳定。这是可能是因为，浸泡时间越久，物料与水混合越均匀，物质扩散程度增加，提高了扩散速度，当浸泡时间达到一定数值，溶液达到饱和，物质扩散趋向稳定。当浸泡时间为 4 h 时，紫苏精油提取率最高。

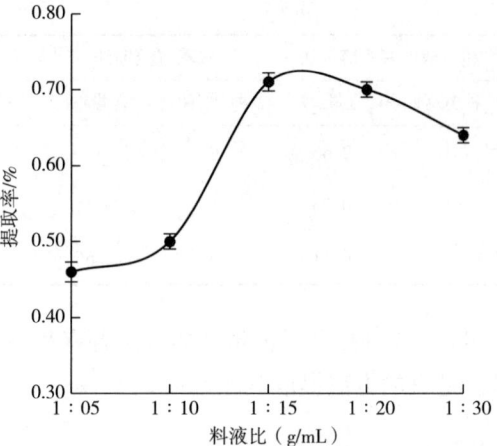

图 4-1　料液比对紫苏精油提取率的影响

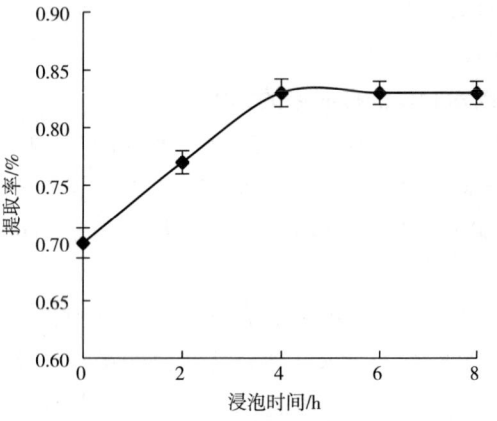

图 4-2　浸泡时间对紫苏精油提取率的影响

　　提取时间对紫苏精油提取率的影响如图 4-3 所示，随着蒸馏时间的增加，紫苏精油的提取率先逐渐增加，随后呈缓慢下降的趋势。这是因为，根据物质扩散定理可知，在一定时间范围内，提取时间增加，提取率增加。但在蒸馏后期，蒸汽量过大也导致精油的损失增大。结合精油活性、得率以及工业生产经济最大化等因素考虑，选择提取时间为 3 h 时，既保证了精油得率又节约能耗和时间。

　　粉碎粒径对紫苏精油提取率的影响如图 4-4 所示，随着粉碎程度的增加，紫苏精油提取率逐渐提高，在粉碎粒径为 120 目时精油提取率最大。而粉碎粒径超过 120 目时，紫苏精油提取率反而下降，其原因在于随着紫苏叶片表面细化数不断增多，使得物料中的挥发油更容易提取出来。当达到一定粉碎程度后，粉碎程度的影响对于提取率而言已经不是主要影响因素。因此，从试验的可操作性及节约时间等环节考虑，选择 120 目的粉碎粒径对提高得率有利。

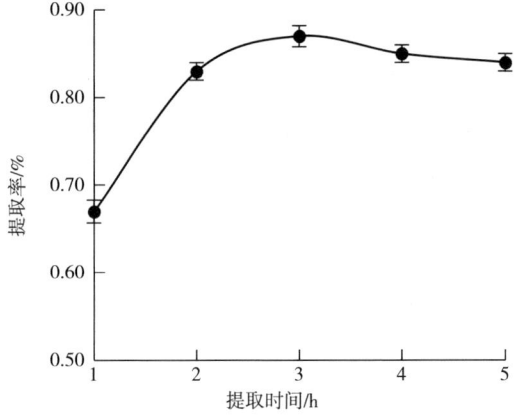

图 4-3　提取时间对紫苏精油提取率的影响

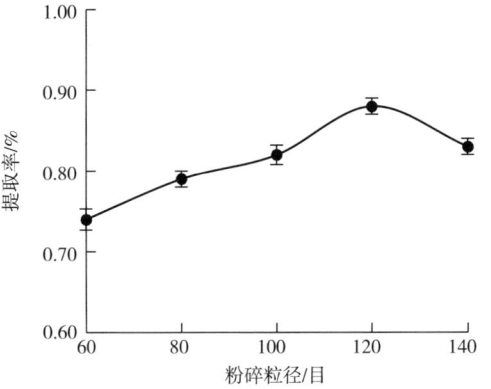

图 4-4　粉碎粒径对紫苏精油提取率的影响

4.3.2　提取工艺优化

在单因素试验基础上，选择料液（1∶10、1∶15 和 1∶20）、浸泡时间（2 h、4 h 和 6 h）、提取时间（2 h、3 h 和 4 h）为自变量，设计 3 因素 3 水平 L_9（3^4）正交试验，以紫苏精油得率为目标，对水蒸气蒸馏提取工艺进行优化。正交试验设计及结果见表4-6，方差分析结果见表4-7。正交试验结果及方差分析结果表明，紫苏精油提取试验的3因素中，料液比对紫苏精油提取率的影响最大，达到极显著水平（$P<0.01$），其次为提取时间，达到显著水平（$P<0.05$），浸泡时间影响不显著。较佳工艺组合为$A_2B_2C_3$，即料液比1:15，浸泡时间4 h，提取时间4 h。以此工艺参数进行3次验证试验，紫苏精油提取率可达到0.89%。

表4-6　正交试验设计及结果

试验号	料液比 $A/$ （g/mL）	浸泡时间 $B/$ h	提取时间 $C/$ h	精油得率/ %
1	1	1	1	0.642
2	1	2	2	0.721
3	1	3	3	0.723
4	2	1	2	0.821
5	2	2	3	0.889
6	2	3	1	0.782
7	3	1	3	0.811
8	3	2	1	0.733
9	3	3	2	0.776
k_1	0.695	0.758	0.719	
k_2	0.831	0.781	0.773	
k_3	0.773	0.760	0.808	
R	0.135	0.023	0.089	

表4-7　方差分析结果

差异源	SS	Df	MS	F	显著性
A	0.0277	2	0.0138	107.4961	**
B	0.0010	2	0.0005	3.7334	
C	0.0120	2	0.0060	46.4633	*
误差	0.0003	2	0.0001		

注　$F_{0.05}$（2，2）= 19.00，$F_{0.01}$（2，2）= 99.00。

4.4　不同生长期紫苏精油比较

选择 ZB-1、YX、BS、CR-1 和 DZ 5 个品种紫苏叶精油为研究对象，以水蒸气蒸馏法优化的工艺条件对不同生长期的紫苏进行精油的提取并比较其抗氧化性。采摘期分别为苗期（Ⅰ）、花蕾期（Ⅱ）、花期（Ⅲ）、结实初期（Ⅳ）以及成熟期（Ⅴ）。

4.4.1　紫苏精油含量比较

不同品种紫苏在不同生长期精油含量的变化如图 4-5 所示。CR-1 品种紫苏精油的含量随着生长期的延长而逐渐降低，在苗期达到最大值 0.65%。ZB-1、YX、BS、DZ 四个品种紫苏精油的含量均随着生长期的延长而呈现先增大后减少的趋势，在花蕾期精油含量达到最大，分别为 0.42%、1.31%、0.33% 和 0.79%。说明不同品种紫苏精油的含量随着生长期的不同而表现出差异性。

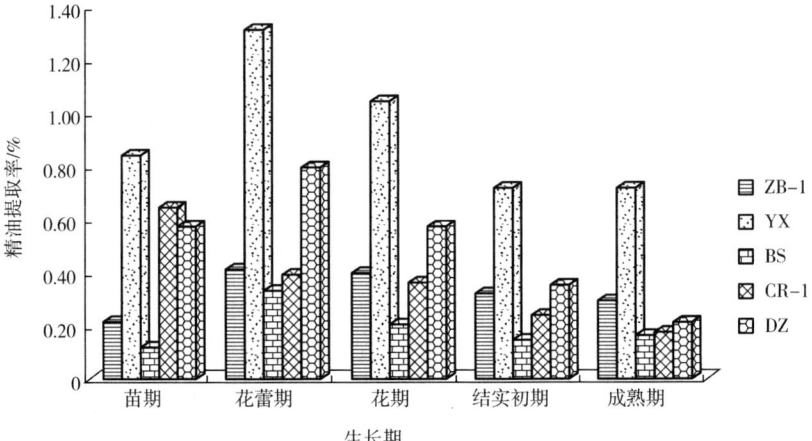

图 4-5　不同品种紫苏在不同生长期精油含量的变化

4.4.2　紫苏精油抗氧化性比较

（1）DPPH 自由基清除活力

参照 Tian 等的方法测定紫苏精油的 DPPH 自由基清除活性并稍作改动。用甲醇将精油样品稀释至 7 个不同浓度，每个浓度的样品取 0.3 mL 加入试管中，加入 2.7 mL、60 μmol/L 的 DPPH 甲醇溶液，室温避光反应 30 min，于 517 nm 处测定吸光度值。以含有 0.3 mL 甲醇和 2.7 mL DPPH 溶液为空白样品，以维生素 C 作为阳性对照。所有试验重复 3 次。根据式（4-1）计算 DPPH 自由基清除率，并求出 IC_{50} 值。

$$I\% = \frac{A_0 - A_r}{A_0} \times 100 \tag{4-1}$$

式中：A_0——DPPH 空白对照的吸光度值；

A_r——样品与 DPPH 反应后的吸光度值。

DPPH 自由基清除能力的测定可广泛用于评价天然产物抗氧化能力的大小。不同生长期的不同品种紫苏精油对 DPPH· 的清除能力结果见图 4-6。由图 4-6 可以看出，在不同生长时期的紫苏精油对 DPPH· 均具有一定的清除作用，但清除能力的变化趋势随紫苏精油品种的不同而不同。对 ZB-1 和 YX 两个品种紫苏精油而言，其对 DPPH· 的清除能力在各个生长发育期变化不大。而 BS 品种紫苏精油随生长期的延长呈现逐渐降低的趋势；CR-1 品种紫苏精油随生长期的延长呈现先增大后减小的趋势，在花蕾期对 DPPH· 的清除能力最强；DZ 品种紫苏精油随生长期的延长呈现先减小后增大再降低的趋势。

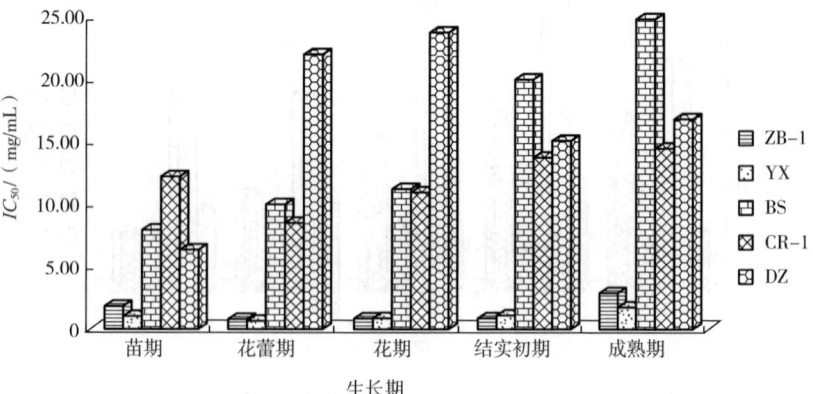

图 4-6　不同生长期的不同品种紫苏精油对 DPPH· 的清除能力

（2）ABTS⁺自由基清除活力

参照 Tian 等的方法测定紫苏叶精油的 ABTS⁺自由基清除活性并稍作改动。将 7 mmol/L ABTS 溶液和 2.45 mmol/L 过硫酸钾溶液等体积混合，室温避光反应 12~16 h，将 80% 乙醇稀释为 ABTS 工作液，使其在 734 nm 处的吸光度值为（0.7±0.02）。用乙醇将精油样品稀释不同浓度，每个浓度的样品取 0.3 mL 加入试管中，加入 2.7 mL ABTS 工作液，混匀后室温下避光反应 30 min，于 734 nm 处测定吸光度值，根据式（4-2）计算自由基清除率，并求出 IC_{50} 值。以 80%乙醇溶液作为空白对照，维生素 C 为阳性对照。

$$I\% = \frac{A_0 - A_r}{A_0} \times 100 \tag{4-2}$$

式中：A_0——ABTS 空白对照的吸光度值；

　　　A_r——样品与 ABTS 反应后的吸光度值。

ABTS⁺ 自由基被广泛用于测定天然产物的总抗氧化能力。不同生长期不同品种紫苏精油对 ABTS⁺ 的清除作用见图 4-7。由图 4-7 可知，在不同生长时期的紫苏精油对 ABTS⁺ 均具有一定的清除作用，并且不同品种紫苏精油对 ABTS⁺ 清除能力的变化趋势与对 DPPH 自由基的清除能力的变化趋势相同。ZB-1 和 YX 品种在各个时期对 DPPH 自由基的清除能力几乎不变。BS 和 DZ 品种在苗期对 ABTS⁺ 的清除能力最强；CR-1 品种对 ABTS⁺ 的清除能力在花蕾期达到最大。

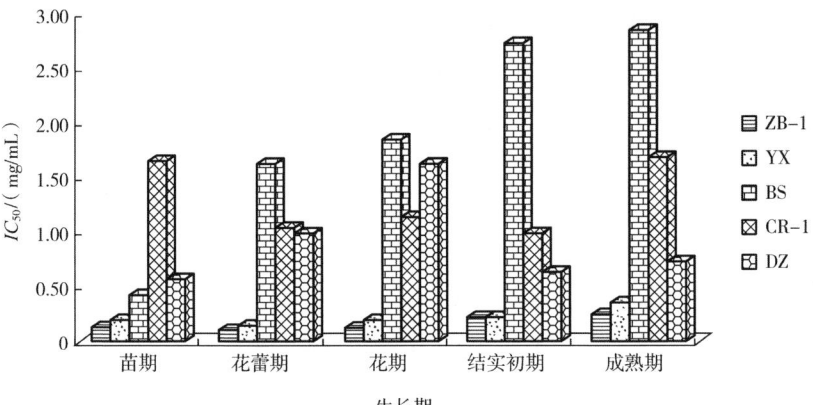

图 4-7　不同生长期不同品种紫苏精油对 ABTS⁺ 的清除能力

（3）铁离子还原活力（ferric ion reducing antioxidant power，FRAP）

样品中的还原性物质能够将 Fe^{3+} 还原成 Fe^{2+} 的化合物形式而呈现蓝色，且在 593 nm 处有最大的吸光度值。因此可以通过吸光度值的大小间接反映样品抗氧化能力的强弱。参照 Benzie 等方法测定紫苏精油铁离子还原能力并稍作修改。将 NaAc 缓冲液（300 mmol/L，pH 3.6）、TPTZ（10 mmol/L）和

FeCl$_3$（20 mmol/L）以 10：1：1（%，体积分数）混合，获得 FRAP 工作液。用甲醇分别配制不同浓度的维生素 E 标准溶液，每个浓度取 0.3 mL 加入试管中，再加入 4.5 mL FRAP 工作液，充分振荡摇匀后置于 37 ℃的恒温水浴中反应 30 min，于 593 nm 下测其吸光度值，以吸光度值为纵轴，维生素 E 浓度为横轴，绘制标准曲线方程为 $y = 0.0029x - 0.0297$（$0 \sim 240$ μM/L，$R^2 =$ 0.9992）。按上述方法测定样品的吸光度值，根据标准曲线计算 FRAP 值，结果以 mmol TE/g（TE：维生素 E 当量浓度）表示。

不同生长期不同品种紫苏精油的铁离子还原能力结果见图 4-8。在还原力测定中，不同生长时期的紫苏精油均具有一定的还原能力，并且，还原能力具有相似的变化趋势，都出现先增大后减小的趋势。ZB-1、YX 和 CR-1 品种紫苏精油的还原力在花蕾期达到最大值，分别为 1.18、1.05 和 0.41 mmol TE/g。而 BS 和 DZ 品种紫苏精油在结实初期的还原力达到最大值，分别为 0.54 和 0.56 mmol TE/g。

试验结果显示，在特定范围内，紫苏精油的含量越高，抗氧化活性就越强。抗氧化活性的不同可能与紫苏精油中所含有效成分的种类和多少有关。不同品种的紫苏精油在不同生长时期都具有一定的抗氧化能力与还原力。但是，其抗氧化能力和还原力的强弱并不相同，这可能表示紫苏精油在不同生长时期内组成成分的种类或比例不同。氧化还原能力较强的生长时期有可能是由于含有较高的抗氧化能力的组分，而紫苏精油在不同生长时期其组成成分的种类及氧化还原活性的变化有待进一步研究。

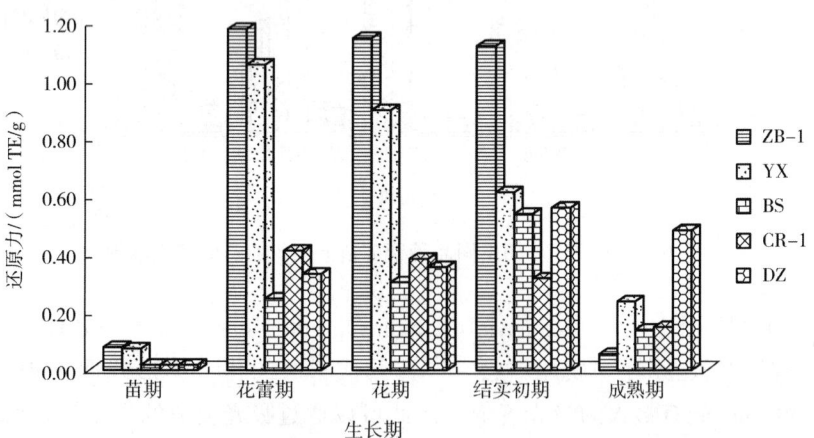

图 4-8　不同生长期不同品种紫苏精油的铁离子还原能力

第5章　不同品种紫苏精油提取及 生物活性比较研究

作为紫苏香气的主要来源，紫苏精油是一类由复杂的挥发性物质组成的混合物，通常含量较低，紫苏精油被列为"公认安全"食品而用于食品调味品、烘焙食品、饮料、冷冻奶制品、布丁、加工蔬菜和营养汤等领域。研究表明，气相色谱—质谱（GC-MS）可用于对不同品种的紫苏精油进行定性和定量分析。文献所报道的紫苏精油的主要成分包括：紫苏醛，紫苏酮，石竹烯，石竹烯氧化物，柠檬烯，2-乙酰呋喃，2-丁胺和玫瑰呋喃。紫苏也被证明具有高抗氧化、抗菌、抗炎、杀虫、抗癌和抗抑郁的活性。它也被称为蜜源植物，通过授粉提高其抗氧化成分的含量。此外，有研究表明，紫苏精油是比化学合成的杀虫剂更可靠和有效的天然产物。

本章主要介绍8个不同品种紫苏精油的差异性，为后续紫苏精油功能产品的开发提供品种来源。为此，通过 GC-MS 法对不同品种紫苏精油的化学成分进行分析并获得其色谱数据。然后通过主成分分析（principal component analysis，PCA）和聚类分析（hierarchical cluster analysis，HCA）法对精油样品进行分类，确定其组成之间的关系。此外，对8个不同品种紫苏精油的抗氧化性与抑菌性进行初步探讨，为紫苏精油的开发和应用提供理论参考。

5.1　不同品种紫苏精油含量分析

如图 5-1 所示，8 个不同紫苏品种精油得率差异显著，其变幅为 0.092%~0.834%，YX 和 TS 品种精油得率均超过 0.6%，而 YX 品种精油得率为 0.834%。YN、BS、ZY 和 ZB-1 品种精油得率均小于 0.3%，其中 YN 品种精油得率最低，仅为 0.092%。因此，仅以精油得率为考察因素，YX 品种可作为紫苏精油的主要品种来源。

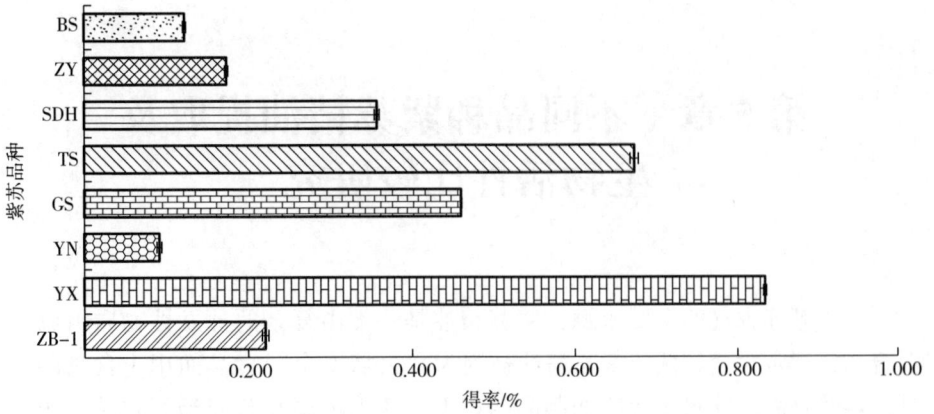

图 5-1　不同品种紫苏叶精油得率

5.2　不同品种紫苏精油组成成分分析

采用 GC-FID 和 GC-MS（图 5-2）对不同紫苏品种的水蒸馏精油的化学成分进行检测，结果如表 5-1 所示。由表可知，GC-MS 共鉴定出 55 种紫苏精油化合物，占总油量的 85.73%～98.44%。2-己酰基呋喃（2.36～29.15%），麝香草（28.88～32.14%），丁香酚（0.26%～19.34%），2,5-二甲基-2-（1-甲基乙基）-环己酮（18.76%～64.05%），洋芹醚（0.37%～18.05%），1-甲基-2-甲基-2-甲基苯（1.55%～23.79%），2-烯丙基-1,4-二甲氧基-3-甲苯（21.45%）是这 8 个紫苏品种中含量最丰富的成分。有 6 种化合物是 8 个不同品种紫苏精油共有的，即：1-乙叉八氢-7-甲基-1-茚（0.09%～2.42%）、1-戊烯-3-酮,5-（3-呋喃基）-2-甲基（0.10%～26.65%）、石竹烯（0.26%～19.34%）、石竹烯氧化物（0.5%～3.91%）、反式-香柑油烯（2.71%～9.71%）和 1-（4-戊基环己基）-4-丙基苯（0.08%～9.62%）。8 个不同品种紫苏精油的成分也存在定性和定量差异。如，2-己基呋喃主要存在于 ZB-1、YX、GS、YN 和 BS 品种的精油中，而这些紫苏品种除了 BS 是紫色叶子，其他 4 个品种均是绿色叶子。值得注意的是，2-己基呋喃在紫叶子的 ZY、TS 和 SDH 品种中并未发现。同样地，2,5-二甲基-2-（1-甲基酰基）-环己酮是 TS、SDH 和 ZY 紫色叶品种精油中主要组成成分，但并没有在 BS 紫叶子品种中检测到。丁香酚、榄香烯、细辛醚、紫罗酮以及其他化合物只在某些品种紫苏精油中检测到。由此得出，紫苏的化学类型对精油组成成分有显著的影响。

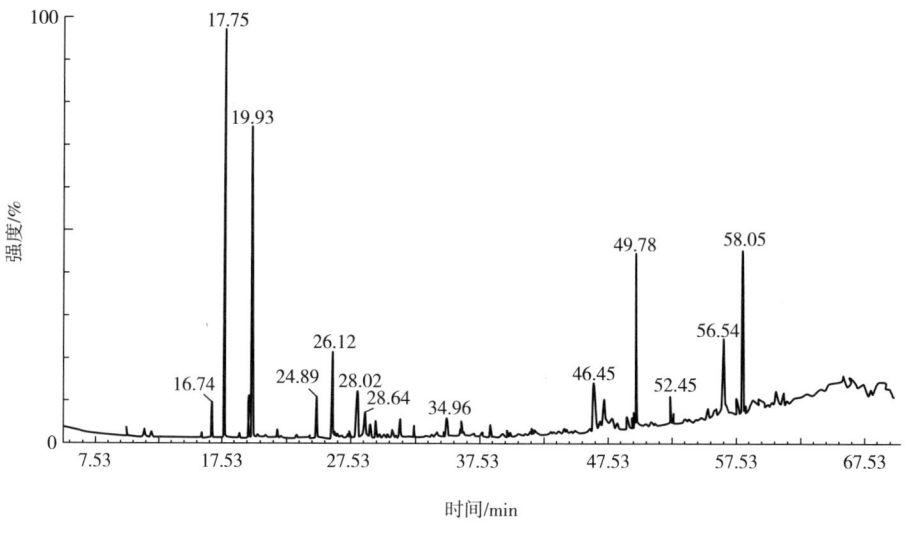

（a）

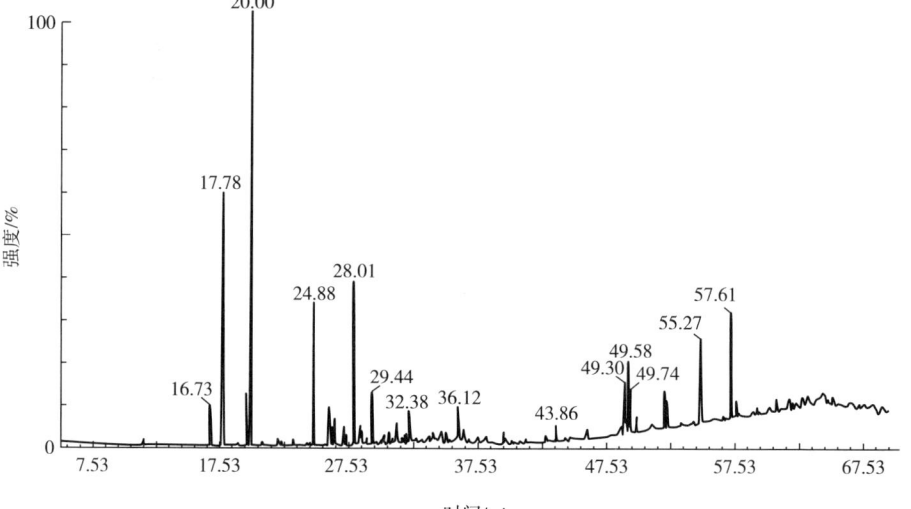

（b）

图 5-2　ZB-1 和 YX 品种紫苏叶精油总离子流图

表 5-1　不同品种紫苏叶精油化学组成比较

峰序	RT	化合物	含量/%							
			ZB-1	YX	YN	GS	TS	SDH	ZY	BS
1	6.06	苯甲醛	0.35	0.46	0.14	0.25	0.35	0.27	0.13	0.25
2	6.34	1-辛烯-3-醇	0.04	0.03	0.07	0.03	0.11	0.06	0.02	0.05
3	11.37	芳樟醇	0.41	—	0.06	—	0.88	0.71	0.84	—
4	15.92	1-(3-环己烯基)-2,2-二甲基-1-丙酮	0.44	—	—	—	0.44	0.39	—	—
5	16.74	1-亚乙基八氢-7-甲基-1苗	1.87	1.88	0.09	1.53	3.13	0.37	2.42	0.90
6	17.73	2-己酰基呋喃	29.15	16.88	2.36	22.48	—	—	—	25.80
7	17.89	2,5-二甲基-2-(1-异丙烯基)-环己酮	—	—	—	—	18.76	64.05	23.54	—
8	19.60	1-戊烯-3-酮,5-(3-呋喃基)-2-甲基	0.27	2.29	0.10	1.36	26.65	0.66	1.65	1.01
9	19.93	1-甲基-2-亚甲基反式萘烷	19.14	—	1.55	23.79	—	5.39	—	14.63
10	20.00	百里香醌	—	32.14	—	—	28.88	—	21.10	—
11	22.10	丁香酚	—	—	0.09	—	0.33	—	—	—
12	23.24	大马烯酮	—	—	0.09	—	—	—	0.29	—
13	23.72	β-揽香稀	—	—	0.11	—	—	—	—	—
14	24.88	石竹烯	0.26	0.26	15.38	8.74	4.48	4.36	19.34	5.49
15	26.10	香树烯	4.60	0.18	—	12.09	0.64	—	1.21	3.53
16	26.34	葎草烯	—	—	6.19	—	0.61	0.37	1.43	1.02
17	26.42	β-法尼烯	—	—	—	—	—	—	0.56	—
18	27.39	马索亚内酯	—	6.62	8.38	0.83	0.55	—	1.66	—
19	28.00	反式-β-紫罗酮	—	—	—	—	—	0.31	—	—
20	28.53	反式-香柑油烯	2.71	8.02	9.15	9.71	4.99	6.16	7.42	6.02
21	28.62	α-法尼烯	—	0.52	2.78	—	0.59	1.48	1.26	0.78
22	29.02	2,4-二叔丁基苯酚	0.70	—	—	2.67	—	—	—	0.51

续表

峰序	RT	化合物	含量/%							
			ZB-1	YX	YN	GS	TS	SDH	ZY	BS
23	29.32	肉豆蔻醚（增效烯）	0.64	—	—	—	—	0.68	1.20	—
24	29.42	2-烯丙基-1,4-二甲氧基-3-甲苯	—	—	21.45	—	—	—	—	—
25	29.44	斯巴醇	—	—	—	3.14	1.27	0.72	2.01	—
26	29.44	百木烯醇	—	—	—	—	—	—	—	1.02
27	30.22	缬草萜烯醇乙酸酯	0.66	2.51	—	—	—	—	—	—
28	30.72	ç-细辛醚	—	—	0.32	—	—	—	—	—
29	31.33	橙花叔醇	—	—	0.67	—	0.40	0.78	0.99	0.98
30	32.16	石竹烯氧化物	0.65	0.50	1.45	1.38	0.64	1.75	2.35	3.91
31	32.38	γ-红没药烯	—	—	0.75	—	—	—	—	—
32	32.39	7-甲基十五烷	—	0.78	—	—	—	—	—	—
33	32.40	2,6,10-三甲基正十四烷	—	—	—	—	—	—	0.79	1.04
34	32.84	反式-α-红没药烯环氧化合物	—	—	0.09	—	—	—	—	—
35	34.15	洋芹醚	1.10	—	18.05	—	—	0.37	0.76	—
36	34.17	依兰醇	—	—	0.01	—	—	—	0.72	—
37	36.09	6-甲基十八烷	—	1.65	—	—	—	—	—	—
38	36.12	十七烷	—	1.25	—	—	—	—	0.77	—
39	43.86	9,10-脱氢异长叶烯	—	—	—	1.00	0.47	—	—	—
40	45.02	棕榈酸（十六烷酸）甲酯	—	0.58	—	—	—	—	—	—
41	45.44	棕榈酸	—	—	0.38	—	—	1.63	—	—
42	49.18	3-乙基-5-(2-乙丁基)-十八烷	—	—	—	—	0.22	—	—	—
43	49.24	甘油亚麻酸酯	—	—	—	—	—	0.25	—	—
44	49.54	油酸甲酯	—	0.28	—	—	—	—	0.14	—
45	49.60	叶绿醇	—	3.14	2.65	—	—	2.04	1.83	1.35

峰序	RT	化合物	含量/%							
			ZB-1	YX	YN	GS	TS	SDH	ZY	BS
46	51.20	1-(4-戊基环己基)-4-丙基苯	9.62	2.10	0.36	7.44	0.13	1.43	0.08	1.90
47	51.80	硬脂酸（十八烷酸）	—	—	0.11	—	—	0.13	—	—
48	52.56	百里香酚	—	—	—	0.68	—	—	—	—
49	55.77	乙酸十八酯	—	0.15	—	—	—	—	0.32	0.46
50	56.79	顺式-9-十五碳烯醇	3.67	—	—	—	—	—	—	—
51	57.61	4,5-二氢尼若宁	0.14	—	—	—	—	—	—	—
52	57.84	己二酸二异辛酯	—	5.35	—	0.74	2.37	2.36	2.68	3.36
53	58.05	二十烷	9.03	—	—	0.46	—	—	—	14.03
54	58.93	叔十六硫酯	0.16	—	—	—	—	—	—	—
55	59.55	17-十五烷烯	0.12	—	—	—	—	—	—	—
		合计	85.73	87.57	92.83	98.08	97.13	96.72	97.51	88.04

值得注意的是，本研究结果与前人的研究结果有所不同。据报道，紫苏醛、紫苏酮及其同分异构体在紫苏精油中广泛存在，但在本研究的 8 个紫苏样本中都没有发现。此外，与本研究结果一致，柠檬烯、榄香烯、蒎烯等微量组分也在前人的研究中发现。因此，除了紫苏基因型和化学型的不同，导致紫苏精油化学组成不同的原因可能归因于其他因素，如土壤、气候、种植时间和收获时间，以及提取方法的不同，这些差异也可能是紫苏精油表现出不同的生物学特性。

5.3 不同品种紫苏精油主成分及聚类分析

为了确定并验证不同品种紫苏精油的变化，将 8 个不同品种紫苏精油的化合物组成数据用到聚类分析（HCA）和主成分析（PCA）中。选取化合物含量大于 10%的 10 个有效成分进行比较，其结果如图 5-3 所示。图 5-3 显示了不同品种紫苏的聚类分析结果，它由 3 个聚类组成。第一聚类包括 ZB-1、

BS、GS 和 YN 4 个品种，这 4 个品种都含有 1-甲基-2-亚甲基反式萘烷（1.55%~23.79%），2-己酰基呋喃（2.36%~29.15%）和香树烯（3.53%~12.09%）。第二聚类包括 TS、ZY 和 YX 3 个品种，在这 3 个品种紫苏精油中含量较为丰富的化合物为百里香醌（21.1%~32.14%）、1-戊烯-3-酮,5-（3-呋喃基)-2-甲基（2.29%~26.65%）和石竹烯（0.26%~19.34%）。第三聚类仅包括 SDH 品种，该品种含较丰富的 2,5-二甲基-2-（1-异丙烯基）-环己酮（64.05%）。因此，根据 8 个不同品种紫苏精油主要化学成分含量的不同可以将这 8 个品种分为 3 个化学型组，本结果与 Fattahi 等通过主成分分析手段对不同品种丹参精油的分析结果相一致。

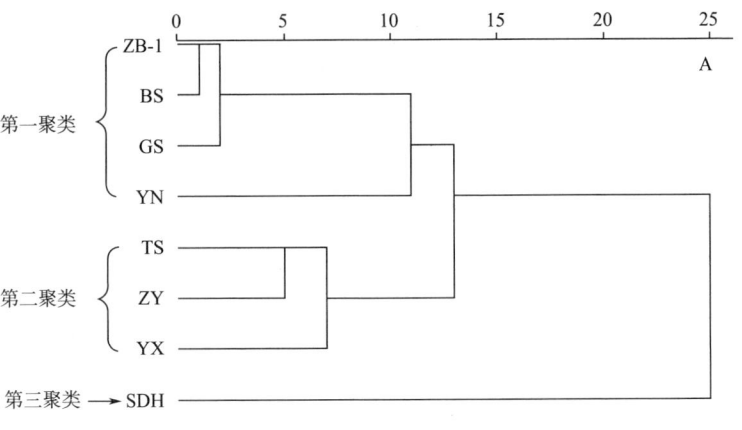

图 5-3　聚类分析图

通过主成分分析（PCA）手段对比紫苏精油的化学组成、研究不同样品中化学成分的相关性，以及由种间、种内变异引起的成分变化（图 5-4）。由表 5-2 中可知，第一主成分占总变异的 35.38%，与 2-己酰基呋喃（0.946）和 1-甲基-2-亚甲基反式萘烷（0.933）呈正相关，该 2 类化合物是 ZB-1、BS、GS 和 YN 4 个品种紫苏精油的主要组成成分。第二主成分占总变异的 26.32%，与在 YN 品种中含量较丰富的洋芹醚（0.866）和 2-烯丙基-1,4-二甲氧基-3-甲苯（0.857）呈正相关，与在 YX、YS 和 ZY 品种中含量丰富的百里香醌（-0.632）呈负相关。2,5-二甲基-2-（1-甲基酰基）-环己酮（-0.778）与第三个主成分呈负相关，该成分在 SDH 品种紫苏精油中含量丰富。因此，在某种程度上，这种主成分分析分析类似于聚类分析。本研究结果与 Pirbalouti 等报道的不同种群的山地茴香精油的化学变化结果相一致。

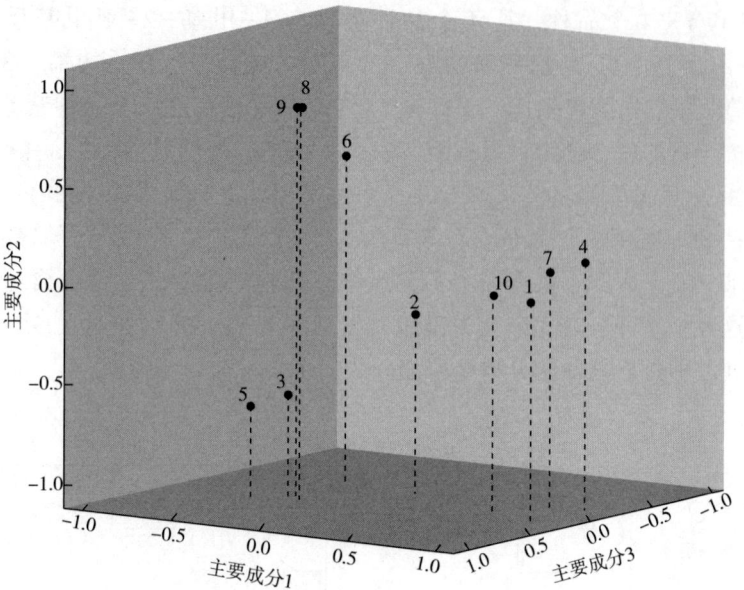

图 5-4　不同品种紫苏叶精油主成分分析图

表 5-2　不同品种紫苏叶精油主成分表

序号	主要成分	主成分		
		1	2	3
1	2-己酰基呋喃	0.946	0.026	0.269
2	1-戊烯-3-酮,5-(3-呋喃基)-2-甲基	−0.442	0.328	0.778
3	1-戊烯-3-酮,5-(3-呋喃基)-2-甲基	−0.368	0.559	0.359
4	1-甲基-2-亚甲基反式萘烷	0.933	0.154	0.190
5	百里香醌	−0.508	0.632	0.457
6	石竹烯	−0.451	0.541	0.224
7	香树烯	0.761	0.104	0.159
8	2-烯丙基-1,4-二甲氧基-3-甲苯	−0.408	0.857	0.233
9	洋芹醚	−0.402	0.866	0.217
10	二十烷	0.688	0.032	0.211
	变异/%	35.38	26.32	12.72
	累积变异/%	35.38	65.70	78.42

5.4　不同品种紫苏精油抗氧化活性分析

据报道，紫苏精油具有浓度依赖性的抗氧化活性。以不同品种紫苏精油作为原材料，依照 4.4.2 相同方法检测精油抗氧化性，8 个不同品种的紫苏精油对 DPPH·、ABTS$^+$ 和 FRAP 表现出不同的抗氧化能力。

8 个不同品种紫苏精油对 DPPH·、ABTS$^+$ 和 FRAP 的抗氧化能力测定结果见表 5-3。由表可知，8 个样品对 DPPH·清除能力差异显著。YX 品种紫苏精油对 DPPH·的清除能力最强，IC_{50} 值为 0.9870 mg/mL，TS（1.7147 mg/mL）和 ZB-1（1.8427 mg/mL）次之，YN 和 ZY 清除能力最弱，IC_{50} 值分别为 20.9110 mg/mL 和 11.1867 mg/mL，是 YX 品种的 21.1 倍和 11.3 倍。

表 5-3　不同品种紫苏精油抗氧化性

| 品种 | DPPH· | ABTS$^+$ | FRAP |
	IC_{50}/（mg/mL）	IC_{50}/（mg/mL）	mmol TE/g
ZB-1	1.8427±0.0056[d]	0.1327±0.0015[b]	0.0749±0.0011[c]
YX	0.9870±0.0036[b]	0.1893±0.0064[c]	0.0713±0.0030[d]
YN	20.9110±0.5742[i]	0.2023±0.0045[d]	0.0856±0.0051[b]
GS	5.0607±0.0025[e]	0.2877±0.0035[f]	0.0391±0.0011[f]
TS	1.7147±0.0025[c]	0.2147±0.0025[e]	0.0125±0.0005[g]
SDH	8.4633±0.0025[g]	0.9700±0.0030[h]	0.0584±0.0063[e]
ZY	11.1867±0.0021[h]	1.8480±0.0030[i]	0.0394±0.0058[f]
BS	7.9401±0.0025[f]	0.4290±0.0020[g]	0.0118±0.0058[h]
VC	0.0377±0.0006[a]	0.0038±0.0001[a]	6.8070±0.0060[a]

注　同一列不同字母表示各样品间存在显著性差异（$P<0.05$，$n=3$）。

8 个不同品种紫苏精油对 ABTS$^+$ 均具有较强的清除能力。ZB-1、YX、YN、GS、TS 和 BS 对 ABTS$^+$ 清除能力较强，IC_{50} 值都小于 0.5 mg/mL，其中 ZB-1 清除能力最强，IC_{50} 值仅为 0.1327 mg/mL，SDH 清除能力较弱，IC_{50} 值都接近于 1 mg/mL，其中 ZY 清除能力最弱，IC_{50} 值为 1.848 mg/mL，是 ZB-1 品种的 13.93 倍。与 DPPH·的抗氧化活性相比，不同品种紫苏精油的 ABTS$^+$

自由基清除能力较强，这可能是由于甾体因子或者精油的某些组分对 ABTS$^+$ 的作用比 DPPH·自由基更有效，然而，8 个不同品种紫苏精油对 DPPH·和 ABTS$^+$ 自由基清除能力具有良好的相关性，即对 DPPH·清除能力较强的紫苏精油通常对 ABTS$^+$ 的清除能力也较强。

精油的还原能力也可作为抗氧化活性的重要指标。因此，可通过铁还原试验间接测定其抗氧化活性。如表 5-3 所示，不同紫苏品种紫苏精油的还原能力有显著差异。YN、ZB-1 和 YX 品种紫苏精油的还原能力较强，其当量浓度分别达到 0.0856、0.0749 和 0.0713 mmol TE/g，远低于维生素 C（6.8070 mmol TE/g）的还原能力。相比之下，BS（0.0118 mmol TE/g）和 TS（0.0125 mmol TE/g）品种紫苏精油还原能力最弱。有研究表明，富含芳樟醇的紫苏精油还原性较弱，而百里香酚和香芹酚则是较好的还原剂。

因此，ZB-1 和 YX 品种紫苏精油具有较强的抗氧化活性，而 ZY 品种精油抗氧化性最弱。据报道，具有天然抗氧化活性的精油具有显著的抗氧化功效。精油的抗氧化作用可能是由于其个别成分或多个成分之间的协同作用的结果。含有含氧单萜的精油通常通过协同作用建立有效的清除体系对抗自由基形成。富含百里香酚的精油同样具有较强的抗氧化活性。

5.5 不同品种紫苏精油抑菌活性分析

5.5.1 抑菌圈直径

将供试菌种［大肠杆菌（*Escherichia coil* CGMCC 44568）、金黄色葡萄球菌（*Staphylococus aureus* CGMCC 26085）、枯草芽孢杆菌（*Bacillus subtilis* CG-MCC 10089）］在 LB 培养基上进行活化，并用无菌生理盐水稀释将供试菌株配成菌悬液，使其含菌数约为 10^6 CFU/mL，摇匀。在无菌条件下，取 100 μL 不同供试菌种菌悬液均匀涂布于 LB 固体培养基上，制成含菌平板。在每个含菌平板上等距离放置 4 个已灭菌的直径为 6 mm 的滤纸片，滴加 2 μL 的精油样品液，将含菌平板置于 37 ℃ 倒置培养 24 h。测定抑菌圈直径大小，每个浓度重复 3 次。不同品种紫苏精油对各供试菌（大肠杆菌、金黄色葡萄球菌和枯草芽孢杆菌）的抑菌圈直径的影响见表 5-4。图 5-5 显示了 ZB-1 和 YX 品种紫苏精油对三种供试菌种抑制作用的代表性图片。结果表明，8 个不同品种的紫苏精油对供试菌种均有不同程度的细菌敏感性。对大肠杆菌的抑菌圈直径为 8 ~ 19 mm，金黄色葡萄球菌 6 ~ 11 mm，枯草芽孢杆菌 8 ~ 20 mm。YX 和 GS 品种紫苏精油对大肠杆菌的抑菌活性最强，其抑菌直径分别为 18.3667 mm 和 16.2867 mm，其次是 TS（15.8067 mm）和 ZB － 1（14.6833 mm）。YN 品种紫苏精油对大肠杆菌的抑菌活性最低，其抑菌圈直径仅为 8.3767mm。TS 和 GS 品种紫苏精油对金黄色葡萄球菌的抑菌能力最强，其抑菌圈直径分别为 10.6567 mm 和 10.4000 mm，且无显著差异，而 YN 品种紫苏精油对金黄色葡萄球菌的抑菌圈直径仅为 6.5067 mm。TS 品种紫苏精油抑制枯草芽孢杆菌的能力最强，抑菌圈直径最大，高达 20.5567 mm，而其他品种紫苏精油抑菌圈直径在 8.21 ~ 16.35 mm，与 TS 差异显著。与不同品种紫苏精油抑菌性相比，低浓度（2.5 μg/mL）的氨苄青霉素显示出最强的抑菌能力，其抑菌圈直径达 20 ~ 26 mm。这可能是因为，与抗生素单体相比，紫苏精油是一种多种复杂成分组成混合物，某些组成成分之间存在拮抗作用。

表 5-4   不同品种紫苏叶精油对各供试菌的抑菌圈直径的影响（mm）

品种	E. coli	S. aureus	B. subtilis
ZB － 1	14.6833±0.2948[cd]	9.6967±0.3617[bcd]	10.7267±0.2108[de]
YX	18.3667±1.0987[b]	8.6467±0.1429[de]	16.3500±0.4770[c]
YN	8.3767±0.4743[g]	6.5067±0.0723[f]	8.9900±0.0265[fg]
GS	16.2867±2.1176[c]	10.4000±1.5117[bc]	11.1100±0.4330[de]
TS	15.8067±1.4609[c]	10.6567±0.4082[b]	20.5567±1.6839[b]
SDH	10.8033±0.1662[f]	8.1133±0.1617[e]	10.1633±1.4021[eg]
ZY	11.9700±0.1054[ef]	8.0367±0.2686[e]	8.2100±0.0700[g]
BS	13.3533±1.0174[de]	9.4500±0.7602[cd]	11.7667±0.3612[d]
氨苄西林	25.5767±0.4797[a]	20.3574±0.3517[a]	24.6814±0.4696[a]

注   同一列不同字母表示各样品间存在显著性差异（$P<0.05$，$n=3$）。

5.5.2   最低抑菌浓度和最低杀菌浓度

用微量稀释法测定精油的最低抑菌浓度（MIC）和最低杀菌浓度（MBC）值。将精油溶解在 4% 的 DMSO 中，按照上述方法制备供试菌株菌悬液。将供试菌菌悬液（100 μL）和精油溶液（100 μL）同时添加到 96 孔板孔内，使其

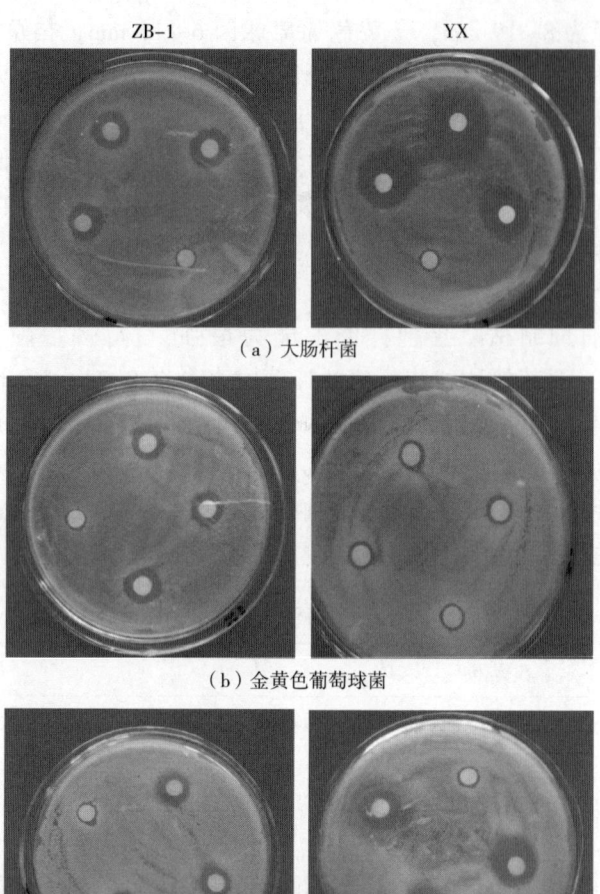

（a）大肠杆菌

（b）金黄色葡萄球菌

（c）枯草芽孢杆菌

图 5-5　ZB-1 和 YX 品种紫苏叶精油抑菌圈

精油浓度为 0.0625~64 mg/mL。将 96 孔板置于 37 ℃培养 24 h。以含有 4%
DMSO 和供试菌株为阳性对照组，以只含 4% DMSO 溶液为阴性对照组。MIC
即供试细菌无法生长的最低精油浓度。MBC 则是供试菌全部死亡的最低精油
浓度。因此，MBC 的测定则是以 100 μL MIC 培养液均匀涂布于固体培养基上
并于 37 ℃培养 24 h 观察得到。

　　8 个不同品种紫苏叶精油对大肠杆菌、金黄色葡萄球菌和枯草芽孢杆菌的
MIC 和 MBC 见表 5-5。如表 5-5 所示，不同品种紫苏精油 MIC 和 MBC 值的
变幅为 0.25~8 mg/mL。在研究的 8 个不同品种紫苏精油中，YX 对大肠杆菌

的作用最明显，其 MIC 值低至 0.25 mg/mL，其次是 ZB-1 和 TS，MIC 值为 0.5 mg/mL。TS 对金黄色葡萄球菌的抑菌活性最强，其 MIC 值为 0.5 mg/mL。YX 和 TS 对枯草芽孢杆菌的抑菌作用最强，MIC 值为 0.25 mg/mL。YN 品种紫苏精油对大肠杆菌和金黄色葡萄球菌的抑菌活性最弱，分别为 8 mg/mL 和 4 mg/mL，而 ZY（MIC 8 mg/mL）对枯草芽孢杆菌的活性最弱。对于所有的菌株，MBC 值与 MIC 值相等或加倍。与精油相比，氨苄西林作为阳性对照，对各种细菌菌株显示出的抗菌活性最强，其 MIC 值低至 0.03625 mg/mL。

表 5-5　不同品种紫苏精油对各供试菌的 MIC 和 MBC

品种	*E. coli*		*S. aureus*		*B. subtilis*	
	MIC	MBC	MIC	MBC	MIC	MBC
ZB-1	0.5	0.5	1	1	1	2
YX	0.25	0.5	1	2	0.25	0.25
YN	8	16	4	8	4	8
GS	8	8	1	1	2	2
TS	0.5	1	0.5	1	0.25	0.5
SDH	4	8	2	4	2	4
ZY	2	2	2	4	8	8
BS	1	1	2	2	1	1
氨苄西林	0.03625	0.03625	0.03625	0.0625	0.0625	0.0625

注　精油和氨苄西林浓度以 mg/mL 计。

据报道，紫苏醛和樟烯是精油产生抑菌活性的主要成分。然而，本研究中的多个品种均对 3 种细菌菌株显示出良好的抑菌活性，但不同品种精油中均不含紫苏醛或樟烯。因此，在抗菌活性中起主导作用的是精油中的一种单一成分，还是精油中多种活性成分之间协同作用的结果仍需要进行进一步的研究。

第6章　紫苏精油复合保鲜膜的制备、表征及应用研究

食品包装的主要作用是保存各种类型的食品及其原料，保护它们不受氧化和微生物污染，同时为消费者提供新鲜原料和营养。传统的食品包装材料主要是源于石油基衍生的聚合物，如聚乙烯、聚氯乙烯和聚丙烯等。然而，这些材料对人类和环境造成了无法弥补的损害。因此，环境友好的生物可降解包装材料，如多糖、蛋白质、脂类以及它们的复合材料越来越受到公众的关注。

壳聚糖是一种无毒、可生物降解的阳离子多糖，广泛用于可再生能源领域。海藻酸钠是被美国药典收录的无毒阳离子多糖，它们均已被批准作为食品添加剂使用，在日本、韩国和美国，壳聚糖已经作为饮料的加工助剂而广泛使用。由于壳聚糖和海藻酸钠的无毒性和抗菌活性，该聚合物已被广泛应用于食品防腐剂和抗菌食品包装材料。然而，壳聚糖分子含有很多亲水基团，其热稳定性、硬度和气体屏障性能不足，导致其耐水性差，从而限制了其广泛应用。为了克服缺点，可以利用壳聚糖和其他生物聚合物制备生物复合材料，从而保持其生物可降解性。有研究表明，利用精油，如牛至精油和佛手柑精油可以提高可食性壳聚糖膜的阻水性能，也可以增强壳聚糖与其他生物材料的分子间结合效应及其分子骨架结构，从而引起膜力学性能的变化。

据报道，精油是潜在的脂质化合物，可以添加到生物复合膜中，从而提高生物膜的阻水阻氧及机械性能。因此，本章主要介绍紫苏精油复合保鲜膜的制备工艺，重点介绍不同工艺条件下紫苏精油复合保鲜膜机械性能、水蒸气透过性、溶解性、溶胀度、光学性质等指标，并通过 SEM、FTIR 和 TG/DTG、XRD 等手段对保鲜膜进行表征，评价紫苏精油对复合膜性质的影响。将紫苏精油复合保鲜膜应用于草莓的保鲜防腐研究中，初步研究紫苏精油复合保鲜膜对草莓的保鲜防腐效果。

6.1　不同因素对复合保鲜膜性质的影响

采用溶液浇铸法，分别考察壳聚糖浓度、海藻酸钠浓度、混液中海藻酸钠膜溶液比例、甘油浓度、干燥温度对保鲜膜性质的影响。以影响膜性质的 5 个指标：拉伸强度、断裂伸长率、水蒸气透过性、溶胀度和水溶性为评价指标，采用单因素实验分别考察壳聚糖浓度（0.5%、1.0%、1.5%、2.0%、2.5%、3.0%）、海藻酸钠浓度（0.5%、1.0%、1.5%、2.0%、2.5%、3.0%）、共混液中海藻酸钠膜溶液比例（10%、30%、50%、70%、90%）、甘油浓度（0.2%、0.4%、0.6%、0.8%、1.0%）以及干燥温度（30 ℃、40 ℃、50 ℃、60 ℃、70 ℃）对制备紫苏精油复合保鲜膜的影响。

6.1.1　壳聚糖浓度对复合保鲜膜性质的影响

由图 6-1 可知，随壳聚糖浓度的增加，复合保鲜膜的拉伸强度和断裂伸长率均先增大后减小，当壳聚糖溶液浓度为 2.0% 时，拉伸强度和断裂伸长率均达到最大值，分别为 23.12 MPa 和 22.46%；膜的水蒸气透过率先减小后增大，在壳聚糖溶液浓度为 2.0% 时有最小值 0.152 g·mm/（kPa·h·m^2）；膜的水溶性呈逐渐减小的趋势，复合膜的溶胀度呈逐渐增大的趋势。

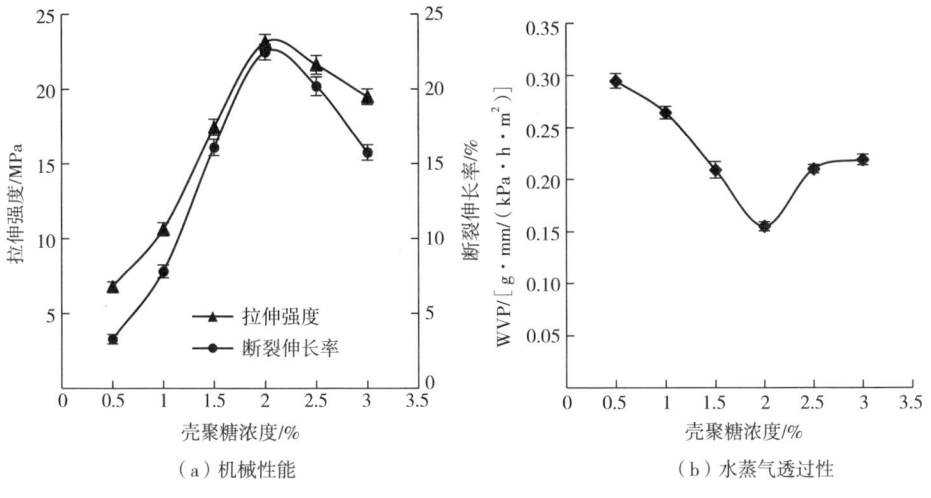

（a）机械性能　　　　　　　　（b）水蒸气透过性

图 6-1

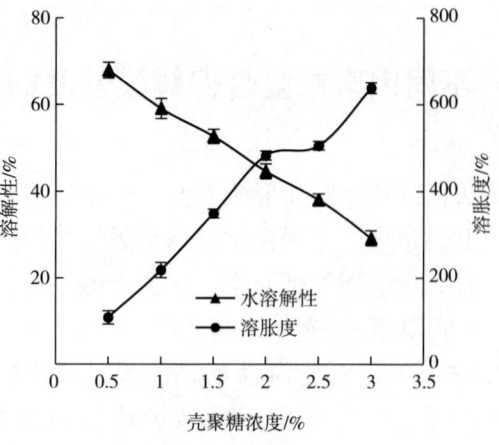

（c）膜溶解性和溶胀度

图 6-1　壳聚糖浓度对复合保鲜膜性质的影响

这可能是由于在较低浓度范围内，壳聚糖含量越高，其分子与海藻酸钠、甘油等其他分子的分子间静电、氢键等相互作用力越强，分子链在空间排列越紧密，复合膜结构越致密，机械性能越好，透水性越低；在较高浓度范围内，壳聚糖分子上带正电荷的氨基之间的相互排斥力增强，分子链在空间上有较大伸展，但达到一定浓度后，壳聚糖分子链排列困难，其氢键结合无法完成，使膜的机械性能下降，透水性增大，由于复合膜的溶胀度取决于膜结构中离子化基团的数目，而壳聚糖含量的增加也有效增加了膜结构中离子化基团的数量，所以复合膜的溶胀度逐渐增大。综合考虑各个指标，选定壳聚糖溶液浓度为 2.0%。

6.1.2　海藻酸钠浓度对复合保鲜膜性质的影响

由图 6-2 可知，随海藻酸钠浓度的增加，复合膜的拉伸强度和断裂伸长率［图 6-2（a）］都先增大后减小，当海藻酸钠浓度为 2.0% 时达最大值，分别为 21.42 MPa 和 12.42%；复合膜水蒸气透过性呈先减小后增大的趋势［图 6-2（b）］，当海藻酸钠浓度为 2.0% 时出现最小值；复合膜溶解性呈逐渐增大的趋势，溶胀度呈逐渐减小的趋势［图 6-2（c）］。这表明，当海藻酸钠膜溶液浓度为 2.0% 时，海藻酸钠分子中带负电荷的 COO^- 结构与壳聚糖分子中带正电荷的 NH^{3+} 结构之间的相互作用力最强，使复合膜结构致密，但随着海藻酸钠膜溶液浓度的继续增加，海藻酸钠的亲水性强的特点表现突出，使膜的含水量增大，复合膜的网络结构松散，导致抗拉强度和断裂伸长率减小，水蒸气透过率增大。同时，由于海藻酸钠与壳聚糖分子之间静电作用的存在，有效减少了复合膜离子化基团的数目，使复合膜的溶胀度逐渐降低。综合考虑各个指标，选定海藻酸钠溶液浓度为 2.0%。

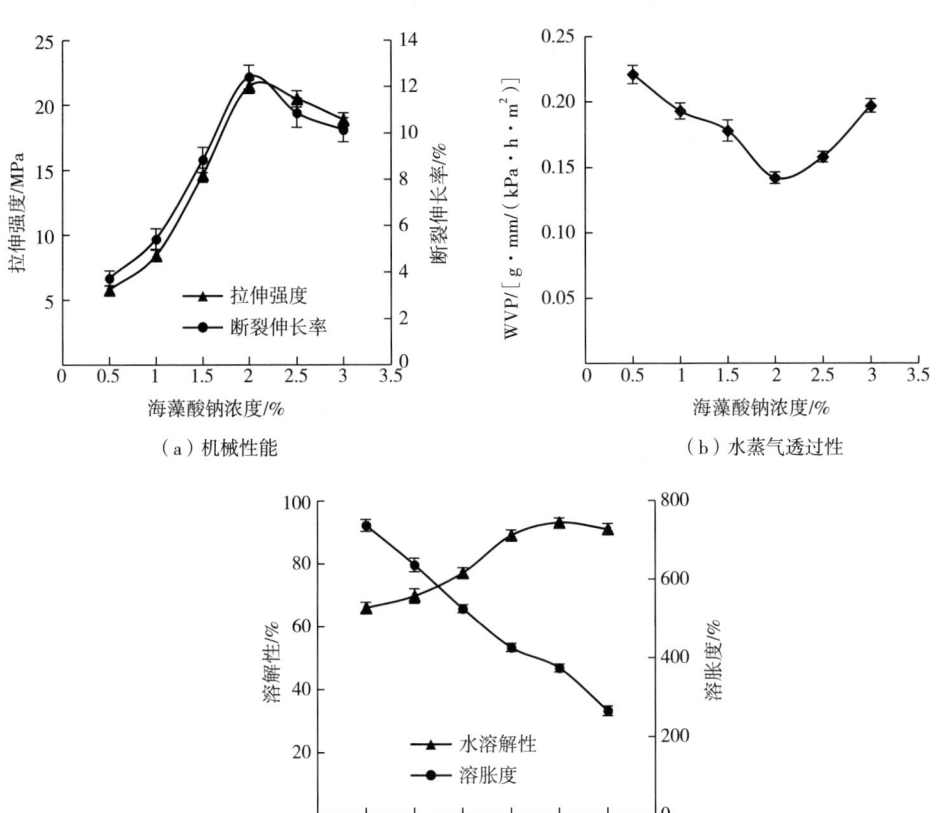

图 6-2　海藻酸钠浓度对复合保鲜膜性质的影响

6.1.3　共混液中海藻酸钠膜液比例对复合保鲜膜性质的影响

由图 6-3 可知，随着共混液中海藻酸钠膜液比例的增加，复合膜的拉伸强度和断裂伸长率先增大再减小，在海藻酸钠膜液比例为 30% 时出现最佳值 25.12 MPa 和 23.61%；复合膜水蒸气透过性的变化呈先减小再增大的趋势 [图 6-2（b）]。复合膜的水溶性呈逐渐增大的趋势，溶胀度呈逐渐减小的趋势。综合各个指标，选定共混液中海藻酸钠膜液比例为 30%。

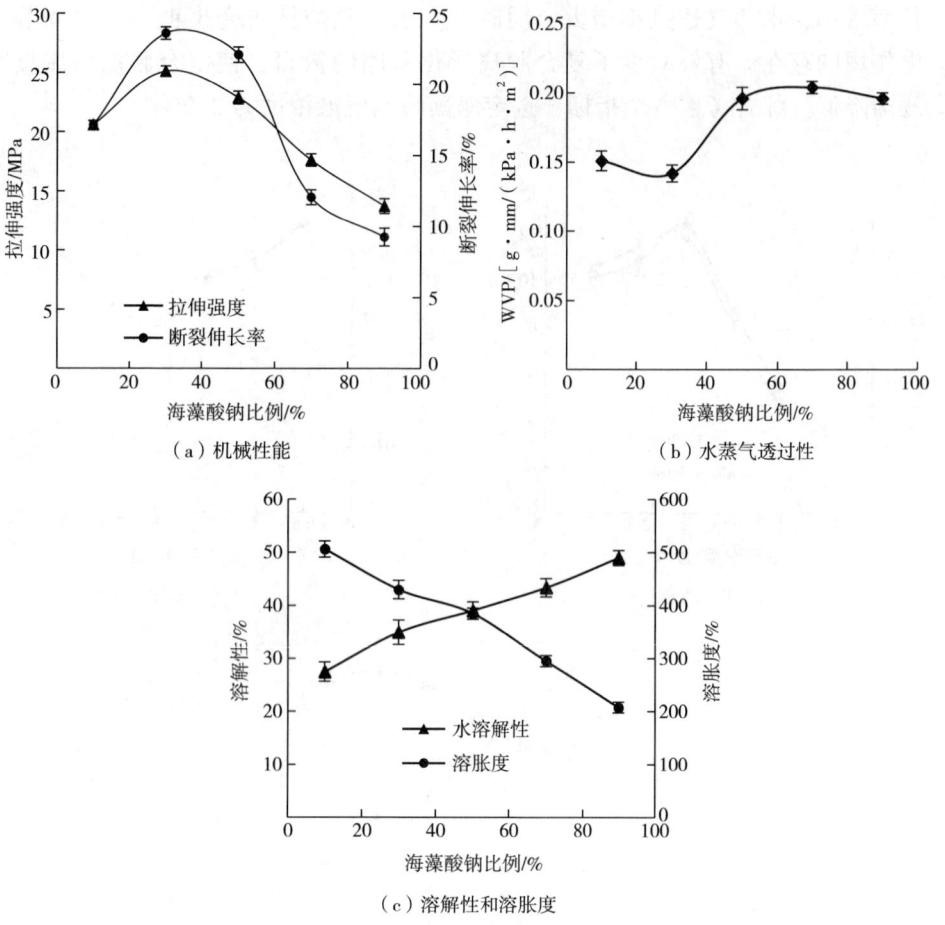

图 6-3　共混液中海藻酸钠膜液比例对复合保鲜膜性质的影响

6.1.4　甘油浓度对复合保鲜膜性质的影响

图 6-4 为甘油浓度对复合保鲜膜性质的影响。结果表明，随着甘油浓度增大，复合保鲜膜的拉伸强度先增大后减小，断裂伸长率一直增大；复合膜的水蒸气透过性先减小后增大；溶解性呈先增大后减小的趋势，溶胀度呈逐渐增大的趋势。

这可能是由于在较低浓度范围内，甘油作为一种含有羟基的亲水性增塑剂，极易与未成键的海藻酸钠或者壳聚糖分子形成氢键，从而使壳聚糖与海藻酸钠分子主链在空间排列越紧密，使膜结构致密，增加其机械性能，降低透水性。但是在较高的浓度范围内，甘油分子内大量的羟基便与海藻酸钠等分子形成氢键，从而减弱海藻酸钠与壳聚糖分子之间的氢键作用，使膜分子主链刚性结构软化，分子链间隙增大，使膜机械性能降低，水蒸气透过性增大。同时，由于甘油亲水性较强，甘油的加入导致复合膜中亲水基团增多，增大了复合膜的持水性，使溶胀度随着甘油浓度的增加而增加。综合各指标看，当甘油浓度为 0.6%时，机械性能和阻水性能较好。

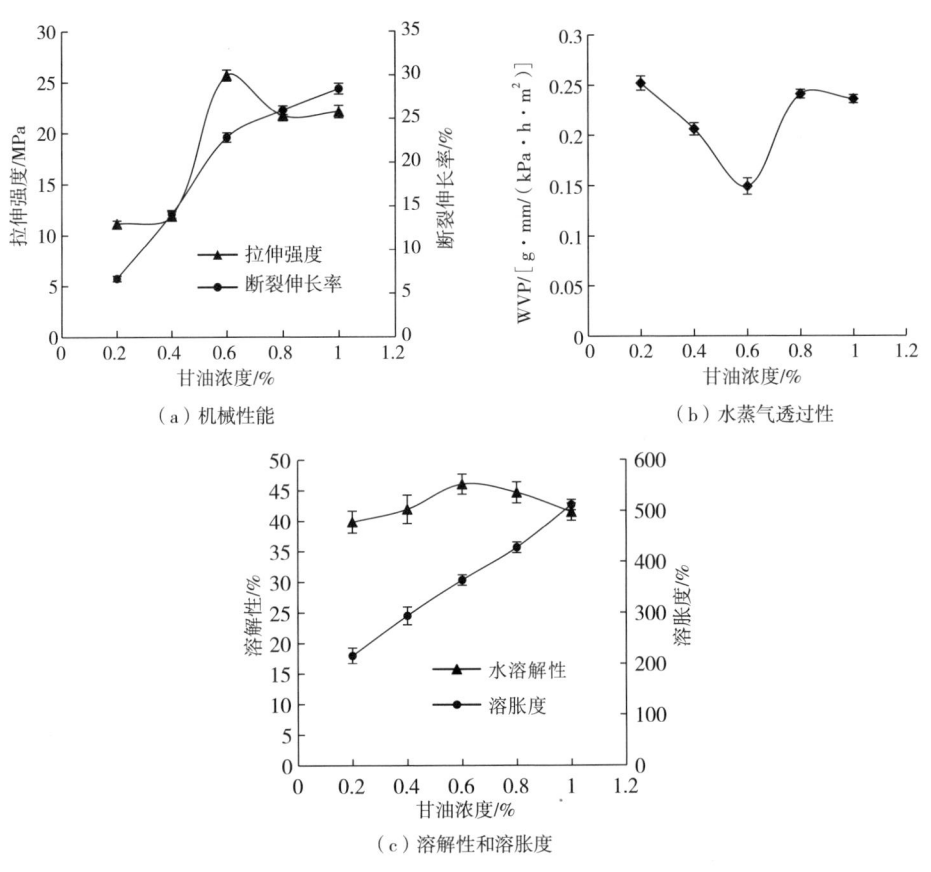

图 6-4　甘油浓度对复合保鲜膜性质的影响

6.1.5　干燥温度对复合保鲜膜性质的影响

干燥温度对复合膜内部的网状结构有一定影响，从而影响复合膜性质。由图 6-5 可知，随着干燥温度的升高，膜的拉伸强度和断裂伸长率均呈现先增大后减小的趋势，当干燥温度为 50 ℃时，膜的拉伸强度和断裂伸长率均达到最大值 58.83 MPa 和 24.15%。复合膜的水蒸气透过性随干燥温度的升高而减小，当干燥温度为 50 ℃时有最小值 0.15 g·mm/(kPa·h·m²)，随着干燥温度的继续升高，复合膜的水蒸气透过性逐渐增大。膜的水溶性随干燥温度的升高呈先减小后增大的趋势，但是从数值来看，水溶性随烘干温度的变化并不大，烘干温度为 60 ℃时有最小值 39.07%。复合膜的溶胀度随干燥温度的升高呈逐渐增大的趋势。综合各个指标，选定烘干温度为 50 ℃。

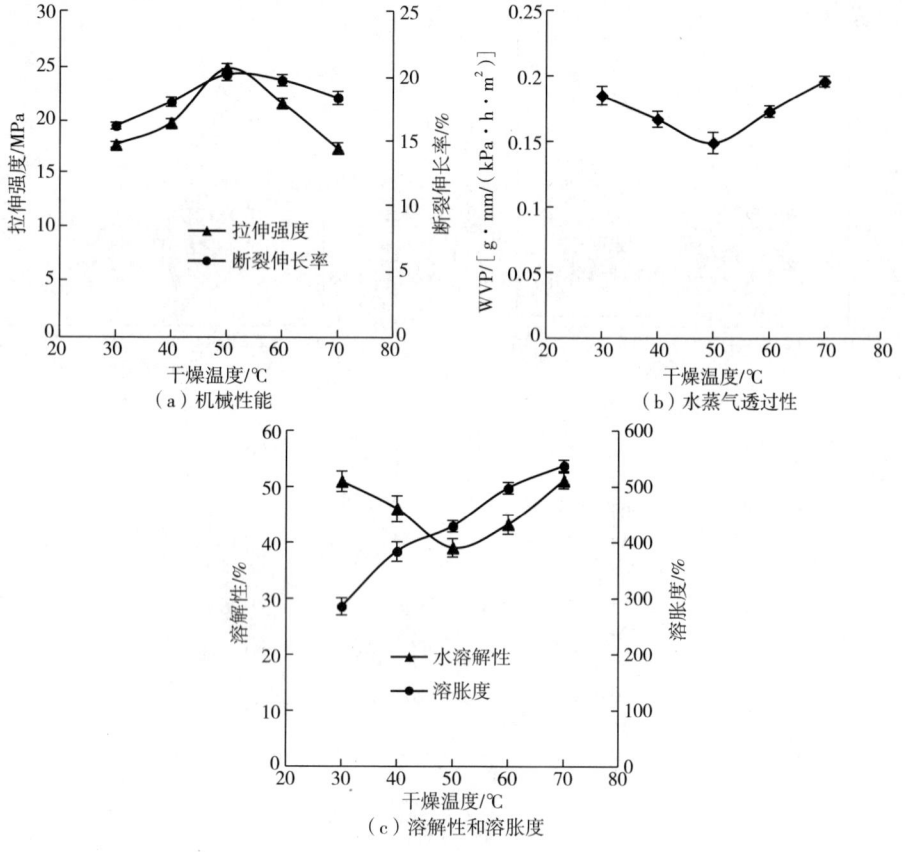

图 6-5　干燥温度对复合保鲜膜性质的影响

6.2　响应面优化复合保鲜膜的制备条件

在单因素试验基础上，依据 Box-Behnken 中心组合设计原理，选取响应显著的壳聚糖浓度（X_1）、海藻酸钠浓度（X_2）、混液中海藻酸钠膜溶液比例

（X_3）和甘油浓度（X_4）4 个因素作为响应曲面考察因素，以拉伸强度（TS）、断裂伸长率（E,%）、水蒸气透过率（WVP）为响应值，采用 Design-Expert 8.0.6 软件，设计 4 因素 3 水平 29 个试验点的响应曲面分析试验，其编码水平见表 6-1。

表 6-1　响应曲面设计因素水平表

水平	因素			
	X_1 壳聚糖浓度 /%	X_2 海藻酸钠浓度 /%	X_3 共混液中海藻酸钠膜溶液比例 /%	X_4 甘油浓度 /%
−1	1.5	1.5	10	0.4
0	2.0	2.0	30	0.6
1	2.5	2.5	50	0.8

6.2.1　响应面模型及显著性检验

以壳聚糖浓度（X_1）、海藻酸钠浓度（X_2）、共混液中海藻酸钠膜液比例（X_3）和甘油浓度（X_4）4 个因素作为响应曲面考察因素，以拉伸强度（TS）、断裂伸长率（E,%）和水蒸气透过性（WVP）为响应值，4 因素 3 水平 29 个试验点的响应曲面分析试验结果见表 6-2。拉伸强度（TS）的范围从 8.756 MPa（试验号 12）到 31.381 MPa（试验号 20），断裂伸长率（E%）的范围从 10.026%（试验号 25）到 28.468%（试验号 7），水蒸气透过性（WVP）的范围从 0.153 g·mm/(kPa·h·m²)（试验号 5）到 0.257 g·mm/(kPa·h·m²)（试验号 14）。

表 6-2　试验设计及响应值结果

试验号	独立变量				响应值		
	壳聚糖浓度 X_1/%	海藻酸钠浓度 X_2/%	共混液中海藻酸钠膜液比例 X_3 /%	甘油浓度 X_4/%	拉伸强度 /MPa	断裂伸长率 /%	水蒸气透过性 / [g·mm/ (kPa·h·m²)]
1	1	0	−1	0	26.753	25.785	0.175
2	0	1	1	0	22.748	22.881	0.176

续表

试验号	独立变量				响应值		
	壳聚糖浓度 X_1/%	海藻酸钠浓度 X_2/%	共混液中海藻酸钠膜液比例 X_3/%	甘油浓度 X_4/%	拉伸强度 /MPa	断裂伸长率 /%	水蒸气透过性 / [g·mm/ (kPa·h·m^2)]
3	1	0	0	1	19.563	19.436	0.204
4	0	−1	0	1	28.521	13.539	0.239
5	0	0	0	0	30.428	27.533	0.153
6	−1	−1	0	0	14.477	15.537	0.192
7	0	0	0	0	30.378	28.468	0.146
8	−1	0	0	1	22.863	23.784	0.173
9	1	0	0	−1	18.356	17.677	0.199
10	0	0	1	1	28.146	26.363	0.165
11	0	−1	1	0	21.587	21.684	0.181
12	−1	1	0	0	8.756	10.754	0.254
13	0	−1	−1	0	12.625	20.527	0.184
14	0	1	0	1	11.546	11.544	0.257
15	0	0	0	0	27.461	27.091	0.163
16	0	0	0	0	28.456	26.785	0.152
17	0	−1	0	−1	9.536	10.983	0.261
18	−1	0	1	0	25.655	22.425	0.158
19	1	1	0	0	15.628	16.516	0.231
20	0	0	0	0	31.381	26.638	0.149
21	0	0	1	−1	18.096	18.527	0.192
22	0	0	−1	−1	20.754	20.562	0.186
23	−1	0	−1	0	21.353	23.638	0.175
24	0	0	−1	1	22.542	22.676	0.179
25	0	1	0	−1	10.965	10.026	0.259

续表

试验号	独立变量				响应值		
	壳聚糖浓度 X_1/%	海藻酸钠浓度 X_2/%	共混液中海藻酸钠膜液比例 X_3/%	甘油浓度 X_4/%	拉伸强度 /MPa	断裂伸长率 /%	水蒸气透过性 / [g·mm/ (kPa·h·m^2)]
26	−1	0	0	−1	9.522	11.759	0.241
27	1	0	1	0	29.964	25.674	0.171
28	0	1	−1	0	14.325	14.643	0.217
29	1	−1	0	0	17.736	16.516	0.223

6.2.2 壳聚糖—海藻酸钠复合保鲜膜拉伸强度的响应面分析

拉伸强度回归模型的方差分析结果见表 6-3。拉伸强度的二次多项式拟合模型极显著（$P<0.0001$），F 值为 10.382；其失拟项 $P=0.0795>0.05$ 并不显著，这表明在实验范围内，该模型与实验数据的拟合性较好；拟合系数 R^2 值为 0.912，可以认为各模型解释了 91.2% 的响应值的变化。由此可以看出，可以用该模型对壳聚糖—海藻酸钠复合膜制备的拉伸强度进行分析和预测。

表 6-3 拉伸强度回归模型的方差分析结果

变异来源	拉伸强度				
	SS	df	MS	F-值	P-值
模型	1321.519	14	94.394	10.382	<0.0001
X_1	53.653	1	53.653	5.901	0.0292
X_2	35.069	1	35.069	3.857	0.0697
X_3	64.607	1	64.607	7.106	0.0185
X_4	175.966	1	175.966	19.353	0.0006
X_1X_2	3.263	1	3.263	0.359	0.5587
X_1X_3	0.298	1	0.298	0.033	0.8590
X_1X_4	36.808	1	36.808	4.048	0.0639
X_2X_3	0.073	1	0.073	0.008	0.9300

变异来源	拉伸强度				
	SS	df	MS	F-值	P-值
X_2X_4	84.677	1	84.677	9.313	0.0086
X_3X_4	17.065	1	17.065	1.877	0.1923
X_1^2	150.459	1	150.459	16.548	0.0012
X_2^2	660.140	1	660.140	72.605	<0.0001
X_3^2	2.152	1	2.152	0.237	0.6342
X_4^2	240.824	1	240.824	26.487	0.0001
残差	127.291	14	9.092		
失拟值	116.946	10	11.695	4.522	0.0795
纯误差	10.345	4	2.586		
总和	1448.810	28			
R^2	0.912				
调整 R^2	0.824				
预测 R^2	0.524				

注 $P<0.01$ 差异极显著；$P<0.05$ 差异显著；$P>0.05$ 不显著。SS：平方和；df：自由度；MS：均方。

利用 Design-Expert 8.0.6 软件对表 6-2 TS 的试验数据进行响应面回归拟合，得到的 TS 响应值（Y）和各因子（X_1、X_2、X_3、X_4）之间的二次回归模型为：$Y=-351.885+93.081X_1+178.776X_2-0.0259X_3+339.141X_4+3.613X_1X_2-0.027X_1X_3-30.335X_1X_4-0.013X_2X_3-46.010X_2X_4+0.516X_3X_4-19.265X_1^2-40.353X_2^2-0.144X_3^2-152.330X_4^2$，对该方程的回归分析和方差分析如表 6-3 所示。

由表 6-3 可以看出，甘油浓度一次项、海藻酸钠—甘油浓度二次项、壳聚糖浓度、海藻酸钠浓度、甘油浓度二次项对拉伸强度的影响达极显著水平；共混液中海藻酸钠膜液比例一次项的影响达显著水平；海藻酸钠浓度一次项、壳聚糖—海藻酸钠浓度、壳聚糖—共混液中海藻酸钠比例、壳聚糖—甘油浓度、海藻酸钠—共混液中海藻酸钠比例、共混液中海藻酸钠比例二次项的影响是不显著的。

利用 Design-Expert 8.0.6 软件，壳聚糖浓度和海藻酸钠浓度对复合膜拉伸强度的影响如图 6-6 所示。图 6-6（a）显示，在固定共混液中海藻酸钠比例及甘油浓度不变的情况下，复合膜拉伸强度随着壳聚糖浓度和海藻酸钠浓度的增加而先增加后降低，当壳聚糖浓度为 2.0% 且海藻酸钠浓度为 1.89% 时，复合膜拉伸强度达到最大。图 6-6（b）显示其等高线图，若其等高线图接近圆形，则表明交互作用不显著，反之，等高线图呈椭圆形，则表明壳聚糖浓度和海藻酸钠浓度的交互作用显著。

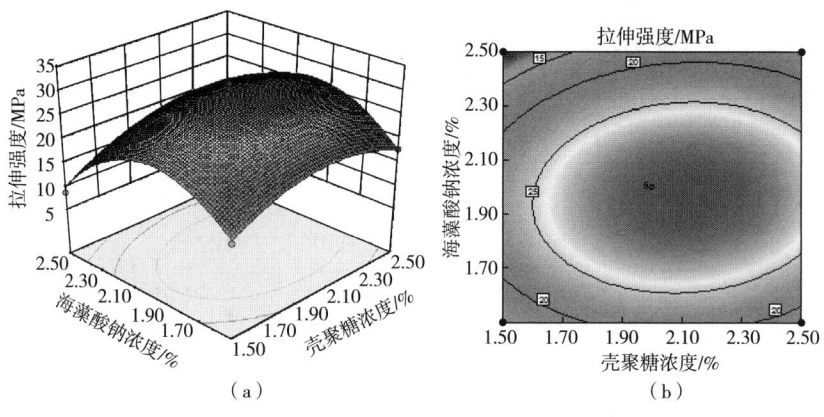

（a）　　　　　　　　　　　（b）

图 6-6　壳聚糖和海藻酸钠浓度对复合保鲜膜拉伸强度的影响

6.2.3　壳聚糖—海藻酸钠复合保鲜膜断裂伸长率的响应面分析

断裂伸长率回归模型的方差分析结果见表 6-4。断裂伸长率的二次多项式拟合模型极显著（$P<0.0001$），F 值为 22.90；其失拟项 $P=0.0795>0.05$ 并不显著，这表明在实验范围内，该模型与实验数据的拟合性较好；拟合系数 R^2 值为 0.958，可以认为各模型解释了 91.2% 的响应值的变化，并且其预测 R^2 值（0.877）与调整 R^2 值（0.916）具有合理的一致性。由此可以看出，可以用该模型对壳聚糖—海藻酸钠复合膜制备的拉伸强度进行分析和预测。

表 6-4　断裂伸长率回归模型的方差分析结果

变异来源	断裂伸长率 $E/\%$				
	SS	df	MS	F-值	P-值
模型	893.229	14	63.80	22.90	<0.0001
X_1	13.456	1	13.46	4.83	0.0453
X_2	12.859	1	12.86	4.61	0.0497
X_3	9.582	1	9.58	3.44	0.0849

变异来源	断裂伸长率 $E/\%$				
	SS	$\mathrm{d}f$	MS	F-值	P-值
X_4	64.440	1	64.44	23.13	0.0003
X_1X_2	5.719	1	5.72	2.05	0.1739
X_1X_3	1.105	1	1.10	0.40	0.5391
X_1X_4	26.348	1	26.35	9.46	0.0082
X_2X_3	12.535	1	12.54	4.50	0.0523
X_2X_4	0.269	1	0.27	0.10	0.7605
X_3X_4	8.185	1	8.19	2.94	0.1086
X_1^2	76.070	1	76.07	27.30	0.0001
X_2^2	507.282	1	507.28	182.05	<0.0001
X_3^2	7.301	1	7.30	2.62	0.1278
X_4^2	243.557	1	243.56	87.40	<0.0001
残差	39.012	14	2.79		
失拟值	35.010	10	3.50	3.50	0.1194
纯误差	4.002	4	1.00		
总和	932.240	28			
R^2	0.958				
调整 R^2	0.916				
预测 R^2	0.877				

注 $P<0.01$ 差异极显著；$P<0.05$ 差异显著；$P>0.05$ 不显著。SS：平方和；$\mathrm{d}f$：自由度；MS：均方。

利用 Design-Expert 8.0.6 软件对表 6-2 E 的试验数据进行响应面回归拟合，得到的 E 响应值（Y）和各因子（X_1、X_2、X_3、X_4）之间的二次回归模型为：$Y = -224.901 + 61.167X_1 + 126.105X_2 - 0.788X_3 + 241.208X_4 + 4.783X_1X_2 + 0.053X_1X_3 - 25.665X_1X_4 + 0.177X_2X_3 - 2.595X_2X_4 + 0.358X_3X_4 - 13.698X_1^2 - 35.374X_2^2 + 0.265X_3^2 - 153.192X_4^2$，对该方程的回归分析和方差分析如表 6-4 所示。

由表 6-4 可以看出，甘油浓度一次项、壳聚糖—甘油浓度二次项、壳聚糖浓度、海藻酸钠浓度、甘油浓度二次项对拉伸强度的影响达极显著水平；壳聚糖浓度、海藻酸钠浓度一次项的影响达显著水平；共混液中海藻酸钠膜液比例一次项、壳聚糖—海藻酸钠浓度、壳聚糖—共混液中海藻酸钠比例、海藻酸钠浓度—共混液中海藻酸钠比例、共混液中海藻酸钠比例—甘油浓度、共混液中海藻酸钠比例二次项的影响是不显著的。

利用 Design-Expert 8.0.6 软件，分析壳聚糖浓度和甘油浓度对复合膜断裂伸长率的影响如图 6-7 所示。在固定海藻酸钠浓度和共混液中海藻酸钠比例不变的情况下，复合膜断裂伸长率随着壳聚糖浓度的增加呈逐渐增大的趋势，随着甘油浓度的增加而先缓慢增加后急剧降低，当壳聚糖浓度为 2.07% 且甘油浓度为 0.66% 时，复合膜断裂伸长率达到最大。图 6-7（b）显示其等高线图，呈椭圆形，表明壳聚糖浓度和甘油浓度的交互作用显著。

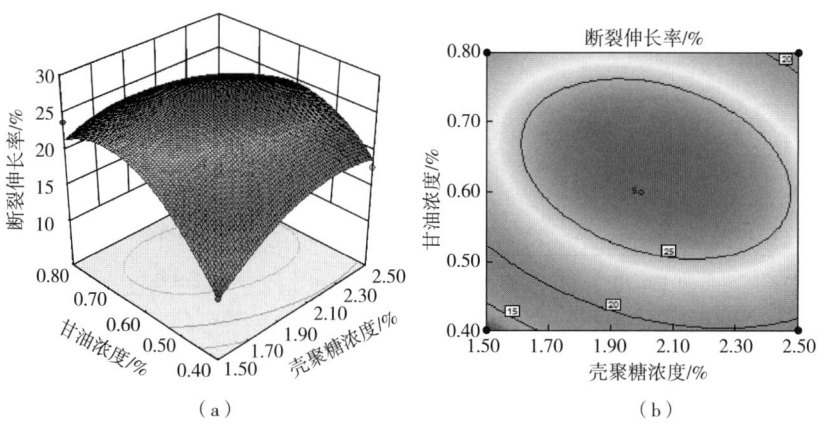

（a）　　　　　　　　　　　（b）

图 6-7　壳聚糖和甘油浓度对复合保鲜膜断裂伸长率的影响

6.2.4　壳聚糖—海藻酸钠复合保鲜膜水蒸气透过性的响应面分析

水蒸气透过性（WVP）回归模型的方差分析结果见表 6-5。WVP 的二次多项式拟合模型极显著（$P<0.0001$），F 值为 18.043；其失拟项 $P=0.0869>0.05$ 并不显著，这表明在实验范围内，该模型与实验数据的拟合性较好；拟合系数 R^2 值为 0.948，可以认为各模型解释了 94.8% 的响应值的变化，并且其预测 R^2 值（0.816）与调整 R^2 值（0.895）具有合理的一致性。由此可以看出，可以用该模型对壳聚糖—海藻酸钠复合膜制备的拉伸强度进行分析和预测。

表 6-5　水蒸气透过性（WVP）回归模型的方差分析结果

变异来源	水蒸气透过系数				
	SS	df	MS	F-值	P-值
模型	3.49×10^{-2}	14	2.49×10^{-3}	18.043	<0.0001
X_1	8.33×10^{-6}	1	8.33×10^{-6}	0.060	0.8095
X_2	1.08×10^{-3}	1	1.08×10^{-3}	7.845	0.0142
X_3	4.44×10^{-4}	1	4.44×10^{-4}	3.217	0.0945
X_4	1.22×10^{-3}	1	1.22×10^{-3}	8.838	0.0101
$X_1 X_2$	7.29×10^{-4}	1	7.29×10^{-4}	5.280	0.0375
$X_1 X_3$	4.23×10^{-5}	1	4.23×10^{-5}	0.306	0.5888
$X_1 X_4$	1.33×10^{-3}	1	1.33×10^{-3}	9.650	0.0077
$X_2 X_3$	3.61×10^{-4}	1	3.61×10^{-4}	2.615	0.1282
$X_2 X_4$	1.00×10^{-4}	1	1.00×10^{-4}	0.724	0.4090
$X_3 X_4$	1.00×10^{-4}	1	1.00×10^{-4}	0.724	0.4090
X_1^2	2.43×10^{-3}	1	2.43×10^{-3}	17.622	0.0009
X_2^2	1.90×10^{-2}	1	1.90×10^{-2}	137.599	<0.0001
X_3^2	6.83×10^{-4}	1	6.83×10^{-4}	4.944	0.0431
X_4^2	9.99×10^{-3}	1	9.99×10^{-3}	72.352	<0.0001
残差	1.93×10^{-3}	14	1.38×10^{-4}		
失拟值	1.77×10^{-3}	10	1.77×10^{-4}	4.280	0.0869
纯误差	1.65×10^{-4}	4	4.13×10^{-5}		
总和	3.68×10^{-2}	28			
R^2	0.948				
调整 R^2	0.895				
预测 R^2	0.816				

注　$P<0.01$ 差异极显著；$P<0.05$ 差异显著；$P>0.05$ 不显著；SS：平方和；df：自由度；MS：均方。

采用 Design-Expert 8.0.6 软件对表 6-5 水蒸气透过性的试验数据进行响应面回归拟合，得到的水蒸气透过系数响应值（Y）和各因子（X_1、X_2、X_3、X_4）之间的二次回归模型为：$Y = 1.659 - 0.319X_1 - 0.740X_2 + 0.00323X_3 - 1.655X_4 - 0.054X_1X_2 + 3.25 \times 10^{-4}X_1X_3 + 0.183X_1X_4 - 0.095X_2X_3 + 0.05X_2X_4 -$

$0.00125X_3X_4+0.077X_1^2+0.216X_2^2-2.565\times10^{-5}X_3^2+0.981X_4^2$，对该方程的回归分析和方差分析如表 6-5 所示。

由表 6-5 可以看出，壳聚糖—甘油浓度二次项、壳聚糖浓度、海藻酸钠浓度、甘油浓度二次项对水蒸气透过系数的影响达极显著水平；海藻酸钠浓度、甘油浓度一次项、壳聚糖—海藻酸钠浓度二次项、共混液中海藻酸钠膜液比例二次项对水蒸气透过系数的影响达显著水平；壳聚糖浓度、共混液中海藻酸钠膜液比例一次项、壳聚糖浓度—共混液中海藻酸钠膜液比例、海藻酸钠浓度—共混液中海藻酸钠膜液比例、海藻酸钠浓度—甘油浓度、共混液中海藻酸钠比例—甘油浓度二次项的影响是不显著的。

利用 Design-Expert 8.0.6 软件，壳聚糖浓度、海藻酸钠浓度、共混液中海藻酸钠比例、甘油浓度对复合膜水蒸气透过性的影响如图 6-8 所示。壳聚糖浓度和海藻酸钠浓度的影响如图 6-8（a）（b）所示，在固定共混液中海藻酸钠比例及甘油浓度不变的情况下，复合膜水蒸气透过性随壳聚糖浓度和海藻酸钠浓度的增加而先降低后增加，当壳聚糖浓度为 1.88% 且海藻酸钠浓度为 1.98% 时，复合膜水蒸气透过系数降到最低，表明此时复合膜水蒸气透过性最好。其等高线图呈椭圆形，壳聚糖浓度表明壳聚糖浓度和海藻酸钠浓度的交互作用显著。海藻酸钠浓度和甘油浓度的影响如图 6-8（c）（d）所示，在固定海藻酸钠浓度和共混液中海藻酸钠膜液比不变的情况下，复合膜水蒸气透过性随着壳聚糖浓度和甘油浓度的增加呈先降低后增加的趋势，当壳聚糖浓度为 1.88% 且甘油浓度为 0.65% 时，复合膜水蒸气透过性降到最低，表明此时复合膜水蒸气透过性最好。

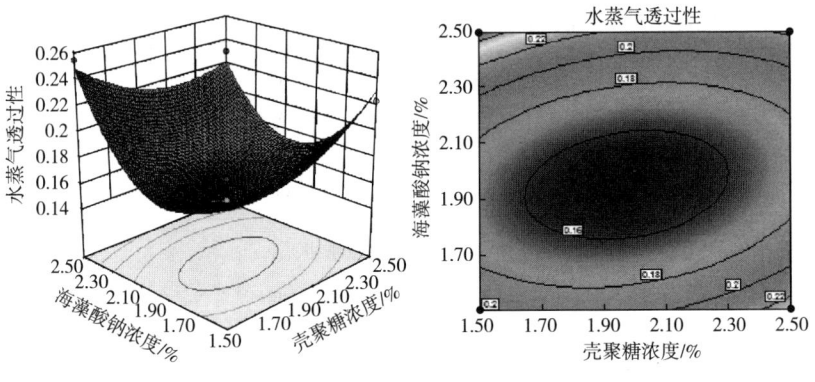

（a）壳聚糖浓度和海藻酸钠浓度3D图　　（b）壳聚糖浓度和海藻酸钠浓度等高线图

图 6-8

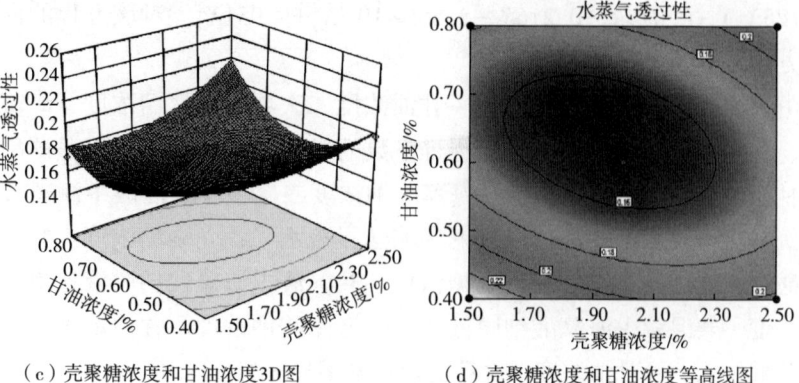

（c）壳聚糖浓度和甘油浓度3D图　　　　（d）壳聚糖浓度和甘油浓度等高线图

图6-8　不同因素对复合保鲜膜水蒸气透过性的影响

6.2.5　参数优化与验证

　　每个因素对响应值有不同的影响，为了达到最佳的拉伸强度、断裂伸长率和水蒸气透过性，需要综合考虑3个响应指标。运用 Design Expert 数据分析软件对建立的3个指标进行二次回归模型最优化求解。优化后各指标的最优参数为：壳聚糖浓度1.99%，海藻酸钠浓度1.98%，共混液中海藻酸钠膜液比例50%，甘油浓度0.67%。在此条件下，预测的拉伸强度、断裂伸长率和水蒸气透过系数分别为32.77 MPa、29.57%、0.14 g·mm/(kPa·h·m^2)。为了进一步验证该模型的可靠性，采用上述最优参数组合进行三次重复验证实验。实际的拉伸强度、断裂伸长率和水蒸气透过系数分别为33.45 MPa、28.67%、0.15 g·mm/(kPa·h·m^2)。对比结果发现，实验值与预测值的结果十分接近（图6-6），说明该模型的优化结果是可靠的，得到的条件可以用于制备壳聚糖—海藻酸钠复合保鲜膜。

表6-6　响应面实验的预测值和实验值

变量	优化条件				优化值	
	壳聚糖浓度 X_1/%	海藻酸钠浓度 X_2/%	共混液中海藻酸钠膜液比例 X_3/%（体积分数）	甘油浓度 X_2/%	预测值	实验值
拉伸强度/%	2.0	1.89	50	0.71	33.241	33.989
断裂伸长率/%	2.07	2.02	50	0.66	29.700	30.156

续表

变量	优化条件				优化值	
	壳聚糖浓度 X_1/%	海藻酸钠浓度 X_2/%	共混液中海藻酸钠膜液比例 X_3/%（体积分数）	甘油浓度 X_2/%	预测值	实验值
水蒸气透过系数 /[g·mm/(kPa·h·m²)]	1.88	1.98	50	0.65	0.134	0.148
最优条件	1.99	1.98	50	0.67	32.763	33.452
					29.566	28.674
					0.135	0.150

6.3　紫苏精油浓度对复合膜性质的影响

由图 6-9 可知，随着紫苏精油浓度的增加，复合膜的拉伸强度呈先逐渐增大后趋于平缓的趋势，断裂伸长率呈逐渐减小的趋势，这可能是由于紫苏精油的加入使壳聚糖—海藻酸钠主链的分子间交互作用减弱所致。有研究表明，不同的精油对生物基复合膜的力学性能有不同的影响。Jahed 等报道，茴香精油的添加可以显著提高壳聚糖膜的拉伸强度，但使膜的断裂伸长率降低。与此相反，Hosseini 等研究表明，百里香和丁香精油的添加显著降低了复合膜的拉伸强度，但提高其断裂伸长率。这种由精油的添加而引起的差异可能归因于精油种类及成分的不同，或者生物膜材料、溶剂类型以及乳化剂的不同。复合保鲜膜的水蒸气透过性先减小后增大，在精油浓度为 0.6% 时有最小值 0.213 [g·mm/(kPa·h·m²)]；说明较高浓度的紫苏精油破坏了复合膜分子间的连接，使复合膜的阻隔性能下降。复合膜的水溶性和溶胀度呈逐渐减小的趋势，明显低于不添加紫苏精油的复合保鲜膜，说明紫苏精油的疏水性能够有效改善膜的亲水性。

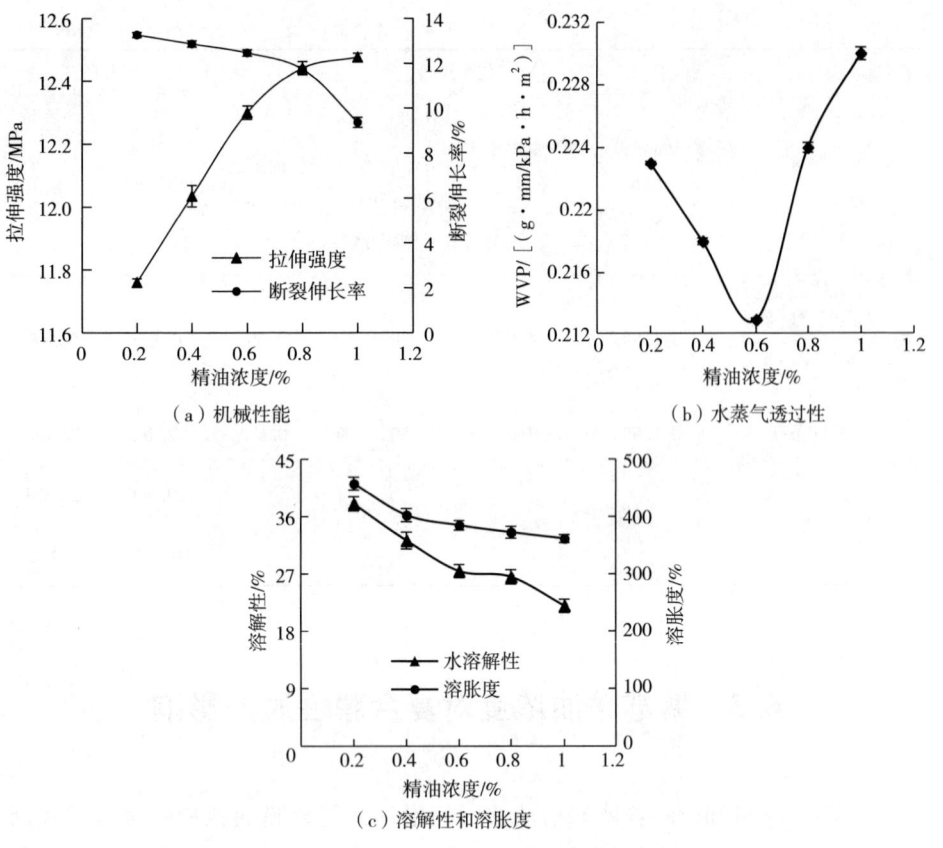

图 6-9　精油浓度对复合保鲜膜性质的影响

6.4　紫苏精油复合保鲜膜结构表征

6.4.1　扫描电镜分析

　　为了对紫苏精油复合保鲜膜的微观结构获得更深刻的认识，选取 3 个不同精油浓度的复合保鲜膜进行扫描电镜图像分析。将制备好的膜样品置于 45 ℃恒温干燥箱使其充分干燥，再将干燥处理后的复合保鲜膜置于液氮中截断，取肉眼看起来比较平整的横断面，分别将复合膜的水平面与横断面置于贴了双面胶的样品台上，吹去多余的粉末杂质。喷金后于扫描电镜下观察复合保鲜膜的表面结构，加速电压 20 kV。

　　扫描电镜分析可以直观显示紫苏精油对复合保鲜膜结构的影响。图 6-10 为不同浓度紫苏精油复合保鲜膜表面及横截面扫描电镜图。SEM 图像显示，对照膜的外观和紫苏精油复合膜有明显的差异。对照膜的微观表面结构光滑、均匀，无裂纹，其横截面薄而均匀，不含泡状结构［图 6-10（a）（b）］。有研究报道，纯壳聚糖生物膜的结构比融入精油的复合膜更均匀和光滑。相比之下，添加不同浓度紫苏精油的薄膜的微观结构发生了很大的变化，并且随紫苏精油浓度的不同，复合膜的非均匀结构差异显著。当紫苏精油浓度为 0.2%（体积分数）时，复合膜显示出粗糙且不均匀的表面结构［图 6-10（c）（d）］，其中油滴形成的泡状结构很少，但与图 6-10（a）（b）相比，复合膜致密的多糖网络结构明显遭到破坏，Marin 等报道了由于香草醛的加入，壳聚糖膜的表面粗糙程度明显增加。随着紫苏精油浓度的增加，泡状油滴结构明显增多增大，并且紧密地结合在多糖基质中。复合膜横截面的多孔结构也变得越来越清晰［图 6-10（e）（h）］。这可能是由于较多的精油大量外逸使壳聚糖—海藻酸钠多糖网状结构发生变形，本研究结果与前人的报道一致。

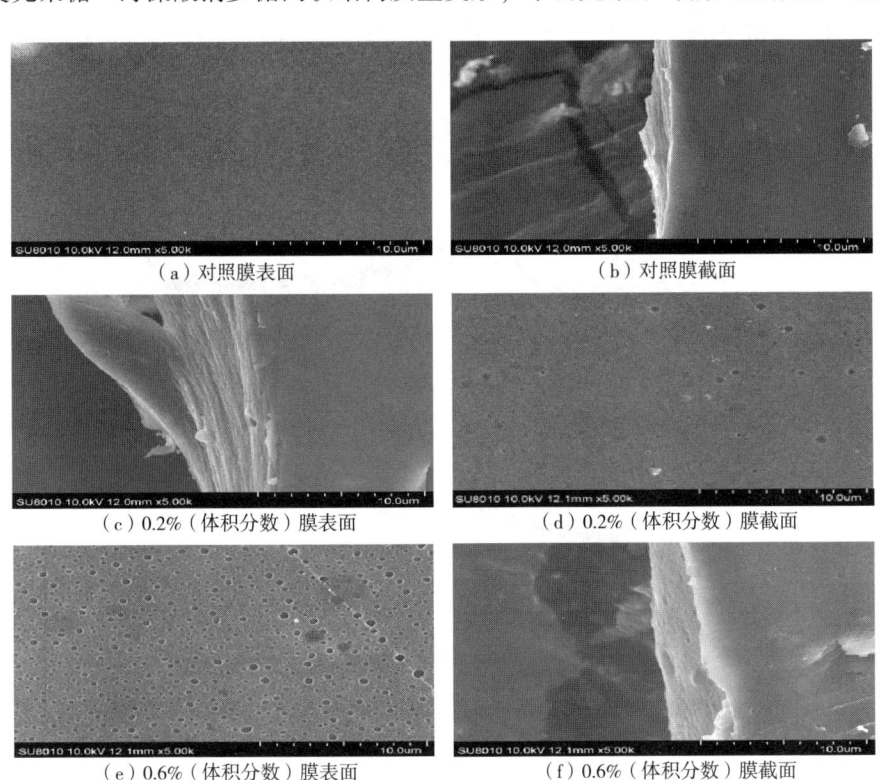

（a）对照膜表面　　　　　　　　　　　（b）对照膜截面

（c）0.2%（体积分数）膜表面　　　　　（d）0.2%（体积分数）膜截面

（e）0.6%（体积分数）膜表面　　　　　（f）0.6%（体积分数）膜截面

图 6-10

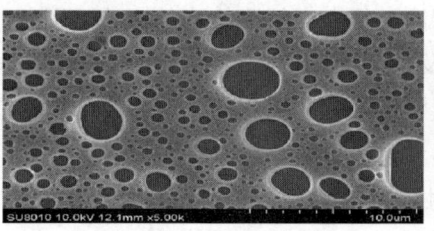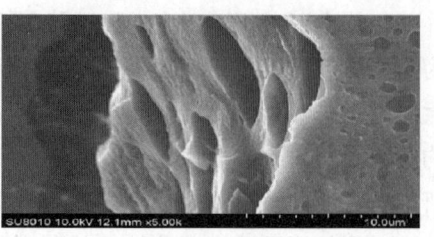

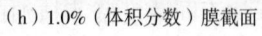

（g）1.0%（体积分数）膜表面　　　　　　　（h）1.0%（体积分数）膜截面

图 6-10　不同浓度紫苏精油复合保鲜膜表面及横截面扫描电镜图

6.4.2　XRD 分析

在室温下，将干燥处理后的膜样品进行 X 射线衍射检测。X 射线源为铜靶 Cu Kα（λ=0.15406 nm），电压 40 kV，电流 20 mA，扫描时间 10 min，扫描步长 0.02°，扫描角度（2θ）5°~40°，记录各样品的衍射图谱并分析。

图 6-11 显示了紫苏精油复合保鲜膜的 XRD 检测结果。壳聚糖有三种存在形式：无定形结构、水合结晶结构和无水结晶结构。未添加紫苏精油的壳聚糖膜（对照膜）的 XRD 衍射图（图 6-11 对照）表明，在 2θ=23.0°的结晶区存在一个典型的壳聚糖指纹区，由壳聚糖规则的晶格和水合晶体结构引起。

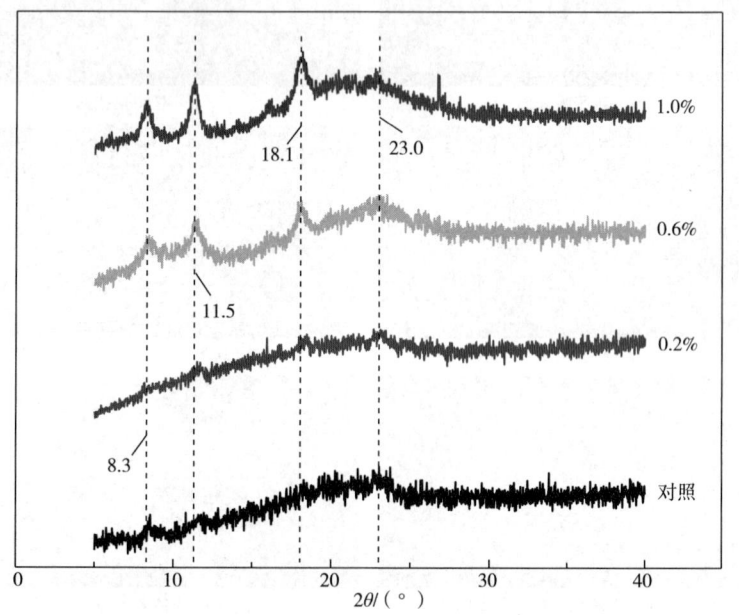

图 6-11　不同浓度紫苏精油复合保鲜膜 XRD 图

这些结构区域是水化氢键壳聚糖结晶相Ⅱ的特点。随着紫苏精油浓度的增加，复合膜的衍射峰强度增加，峰变宽。当紫苏精油浓度大于 0.6% 时，在 $2\theta=$ 8.3°、11.5° 和 18.1° 处出现三肩峰。在 11.54° 附近的衍射峰属于无水结晶区，在 18.34 附近的衍射峰属于水合结晶。该结果表明，与对照膜相比，在引入紫苏精油中的一些化学基团后，壳聚糖分子主链的有序性明显降低，壳聚糖乙酸盐结晶在膜中的相对密度明显增大，最终使紫苏精油复合保鲜膜表现出更致密的结晶区域。

6.4.3　FTIR 分析

采用傅里叶变换红外光谱技术，可以初步获得与膜的物理化学性能有关的分子间相互作用。分别称取紫苏精油以及不同精油浓度的紫苏精油复合膜碎片依次与适量溴化钾混合均匀并压片，制成厚约 1 mm、直径为 10 mm 的透明薄片样品，以溴化钾薄片作为空白对照，采用傅里叶变换红外光谱仪在 $4000\sim400\ cm^{-1}$ 内进行红外扫描，判断复合膜成键情况。

紫苏精油复合保鲜膜的红外光谱如图 6-12 所示。壳聚糖—海藻酸钠复合膜和紫苏精油复合保鲜膜的红外光谱显示了相同的主峰，但是峰的振幅随紫苏精浓度的不同而改变。该研究结果与 Hosseini 等的研究结果一致。在 $3700\sim3000\ cm^{-1}$ 处的宽峰表示自由羟基的伸缩振动（O—H）。$2873\ cm^{-1}$ 处的红外吸收峰由 C—H 伸展振动引起。所有膜样品都检测到在 $1649\ cm^{-1}$、$1544\ cm^{-1}$、$1406\ cm^{-1}$、$1337\ cm^{-1}$、$1245\ cm^{-1}$ 和 $1115\ cm^{-1}$ 处的特征吸收峰，这些吸收峰主要是由 C=O 伸缩振动、N—H 弯曲振动、C—N 和 N—H 伸缩振动以及 C—O—C 伸缩振动引起。加入紫苏精油后，波数为 $3255\ cm^{-1}$、$2873\ cm^{-1}$、$1544\ cm^{-1}$、$1406\ cm^{-1}$、$1544\ cm^{-1}$ 处的红外吸收峰的振幅增强。与此同时，随着精油浓度的增加，$2923\ cm^{-1}$（脂肪族—CH$_3$ 基团的 C—H 的伸缩振动）和 $1065\ cm^{-1}$（C—O 伸缩振动）处的红外吸收逐渐增强。这可能是由于壳聚糖、海藻酸钠以及紫苏精油的分子间相互作用所致。在 $843\sim668\ cm^{-1}$（O—H 弯曲振动）处出现一些新的特征吸收峰与紫苏精在该处的特征吸收峰一致（图 6-12）。

6.4.4　热稳定性分析

热重分析法可以有效评价薄膜的热稳定性，将紫苏精油复合膜干燥并剪碎，分别称取 2~5 mg 膜样品置于陶瓷坩埚中，以空坩埚作参比，在氮气流速 30 mL/min，升温速率 10 ℃/min 条件下，将样品进行程序升温（25~600 ℃），采用 TGA-1 差示扫描量热仪来分析紫苏精油复合保鲜膜的热性质。

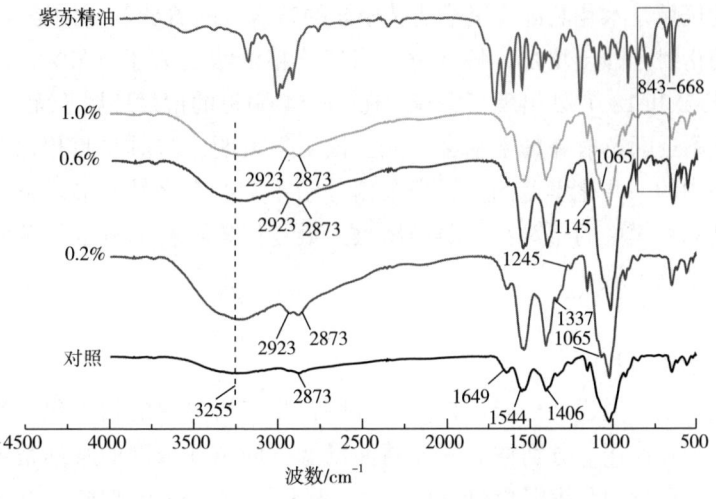

图 6-12　不同浓度紫苏精油复合保鲜膜 FTIR 图

所有薄膜样品的热重和微分热重曲线显示出相似的热行为（4 个阶段），但是根据紫苏精油浓度的不同，热稳定性曲线表现出细微的差别。紫苏精油、未添加精油的复合膜（对照膜）以及不同精油浓度（0.2%、0.6%、1.0%）的复合保鲜膜样品的 TG 和 DTG 曲线如图 6-13（a）（b）所示。从 TG 曲线可以看出，紫苏精油的失重从 50 ℃开始，在 200 ℃时失重率达到 98.4%，这主要是由于紫苏精油的热不稳定性。与紫苏精油的 TG 曲线相比，对照膜的失重率变化速度较慢，在整个加热过程中，对照膜的失重率仅为 70.04%。紫苏精油浓度为 0.2%、0.6% 和 1.0% 时，复合膜的失重率分别为 71.22%、73.52% 和 76.74%。该变化主要是由水分蒸发、壳聚糖、海藻酸钠分解以及紫苏精油受热挥发所致。

如图 6-13（b）所示，对照膜显示出 4 个明显的失重峰。这些可能归因于吸附水的挥发（50~80 ℃），多余乙酸的分解（80~150 ℃），增塑剂甘油的降解（150~220 ℃）以及壳聚糖—海藻酸钠分子主链的解聚（220~360 ℃）。与对照膜相比，不同浓度的紫苏精油复合保鲜膜显示出 4 个显著的失重峰 [图 6-13（b）]。在 50~80 ℃的第一个失重峰由水分的蒸发引起，90~180 ℃的第 2 个失重峰对应于甘油、残留醋酸和一些精油组分的分解。第 3 个失重峰的温度范围 210~360 ℃，主要是由壳聚糖—海藻酸钠链的降解引起。在 420 ℃出现的一个较小的失重峰可能与紫苏精油残余的芳香族化合物的降解有关。同时，由图 6-13 可知，不同精油浓度的复合膜在每个失重阶段的失重率几乎相同。综上所述，我们推断出紫苏精油生物复合膜的稳定性更多取决于壳聚糖—海藻酸钠复合膜，并未受到紫苏精油热不稳定性的影响。

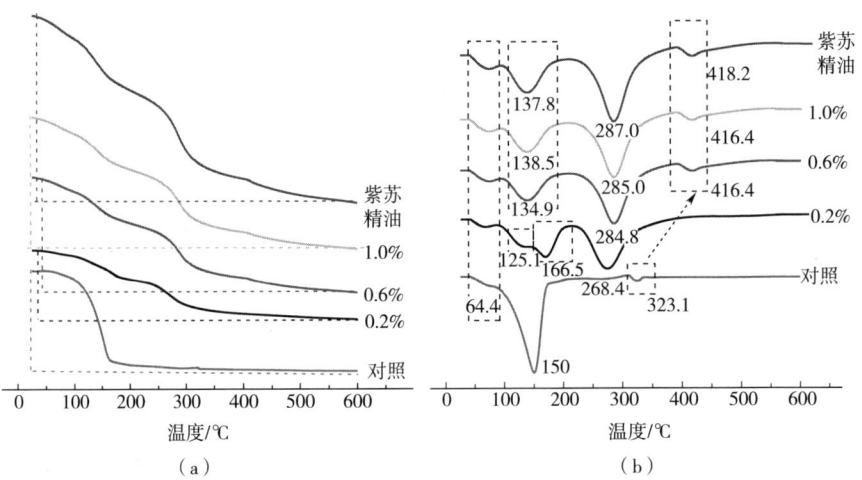

图 6-13　不同浓度紫苏精油复合保鲜膜 TG/DTG 图

6.4.5　光学性质分析

　　保鲜膜的颜色和不透明度直接影响食品的外观和消费者的认可度，因此是紫苏精油复合保鲜膜的两个重要参数。参照 ASTM（D1746，2009）方法测定复合膜透光率值。将复合膜剪裁成 10 mm×30 mm 大小，固定在比色皿的外侧，使膜与比色皿的一侧紧贴，置于 UV-8000s 型紫外可见分光光度仪样品腔内，以空白皿作为对照，于 600 nm 测定吸光度值。按下式计算复合膜的透光率。

$$T = \frac{A_{600}}{m} \tag{6-1}$$

式中：T——透光率值；

　　　A_{600}——复合膜在 600 nm 下的吸光度值；

　　　m——复合膜的厚度，mm。

　　参照 CIELAB 均匀颜色空间及 L、a、b 的值，用 SC-10 精密色差仪测定复合膜样品的总色差。首先对仪器进行调零操作，然后校对标准（调白）。标准校对完毕后，选择均匀透明的膜样品，平放至白板（$L^* = 19.39$，$a^* = 1.92$，$b^* = -2.97$）上，测试并记录样品的 L、a、b、ΔE 值，其中，L 代表亮暗，+代表偏亮，-代表偏暗；A 代表红绿，+代表偏红，-代表偏绿；B 代表黄蓝，+代表偏黄，–代表偏蓝；ΔE 代表总色差值。

紫苏精油生物复合膜的 ΔL^*、Δa^*、Δb^*、ΔE^* 和不透明度如表 6-7 所示。不同浓度的紫苏精油复合保鲜膜与未添加精油复合膜（对照膜）的 ΔL^*、Δa^*、Δb^*、ΔE^* 值差异显著。与对照膜相比，随着精油浓度的增加，复合膜的 ΔL^* 和 ΔE^* 值显著降低，复合膜表现出暗色调的倾向，随着精油浓度的增加，复合膜的 Δa^* 和 Δb^* 值显著增大，复合膜表现出偏红色和黄色的倾向，这种颜色倾向有助于保护被包装食品免受可见光和紫外线的照射，从而防止食品的变色、异味及营养损失。然而，精油浓度为 0.2% 的生物复合膜的 ΔL^* 和 ΔE^* 值和对照膜无显著差异。由表 6-7 可知，与对照膜相比，随紫苏精油浓度的增加，复合膜透明度值显著增加（$P<0.05$），说明复合膜透明度较高。这可能是由于紫苏精油的颜色。Hosseini 等将牛至精油添加到鱼明胶和壳聚糖复合膜中，并制备出牛至精油复合膜，该复合膜具有类似的光学性质。

表 6-7　不同浓度紫苏精油光学性质

膜	ΔL^*	Δa^*	Δb^*	ΔE^*	T
CS-0	2.94±0.07[a]	−0.05±0.01[d]	−0.58±0.01[d]	3.00±0.07[a]	1.84±0.01[a]
CS-0.2	2.77±0.15[a]	0.88±0.01[c]	−0.36±0.04[c]	2.94±0.16[a]	1.97±0.01[b]
CS-0.6	1.75±0.06[b]	1.08±0.01[b]	0.10±0.04[b]	2.93±0.05[b]	2.15±0.00[c]
CS-1.0	0.86±0.04[c]	1.36±0.04[a]	0.73±0.05[a]	1.77±0.05[c]	2.27±0.01[d]

6.4.6　抑菌活性分析

用打孔器将复合膜样品制成直径约为 0.6 mm 的薄膜圆片，经灭菌处理，将薄膜圆片样品贴在已分别接种大肠杆菌、金黄色葡萄球菌和枯草芽孢杆菌的培养基表面，以未添加紫苏精油的膜样品作为对照处理。然后将各培养皿倒置于 37 ℃恒温培养箱中培养 24 h，观察培养基表面菌落的生长情况并测量各样品的抑菌圈直径大小。

紫苏精油复合保鲜膜和紫苏精油对大肠杆菌、金黄色葡萄球菌和枯草芽孢杆菌的抑菌圈直径测定结果见表 6-8。研究结果显示，不同浓度的紫苏精油生物复合膜的抑菌活性差异显著。紫苏精油对供试菌株具有最强的抗菌活性。未添加精油的复合膜（对照膜）对大肠杆菌、金黄色葡萄球菌和枯草芽孢杆菌的抑菌圈直径与复合膜圆片直径接近，分别为（6.324±0.006）mm、

（6.127±0.010）mm 和（6.351±0.021）mm。因此，对照膜对三种测试菌种几乎没有抑菌性。紫苏精油浓度为 0.2%（体积分数）的复合膜对上述三种细菌均有抑菌作用。随着紫苏精油浓度的增加，越来越多的精油通过琼脂凝胶扩散使抑菌圈直径显著增大 ［大肠杆菌（24.563±0.021）mm］，金黄色葡萄球菌 ［（20.153±0.006）mm 和枯草芽孢杆菌（23.427±0.015）mm］。因此，紫苏精油复合保鲜膜的抑菌活性主要取决于紫苏精油的活性。

表 6-8　不同浓度紫苏精油抑菌圈直径

复合膜	大肠杆菌 /mm	金黄色葡萄球菌 /mm	枯草芽孢杆菌 /mm
CS-0	6.324±0.006[c]	6.127±0.010[c]	6.351±0.021[c]
CS-0.2	6.357±0.015[c]	6.633±0.006[c]	6.367±0.012[c]
CS-0.6	15.225±0.085[b]	13.452±0.074[b]	15.083±0.106[b]
CS-1.0	24.563±0.021[a]	20.153±0.006[a]	23.427±0.015[a]
PEO	24.683±0.094[a]	19.697±0.031[a]	22.267±0.021[a]

6.5　紫苏精油复合保鲜膜对草莓的保鲜防腐效果研究

挑选色泽、硬度、大小均一的无病虫害的草莓作为供试材料。将草莓分为 2 组，置于 19 cm×12.5 cm×2 cm 的食品级 PP 托盘，每组约 500 g。第 1 组草莓用实验制得的紫苏精油复合保鲜膜包覆；第 2 组草莓不作处理，为空白对照组。将所有草莓样品置于室温 ［温度（23+1）℃，湿度（18+0.2）%］ 环境中贮存。每隔 1 d 取样 1 次，测定草莓健果率、失重率、总可溶性固形物含量、呼吸强度、总酸和总酚含量。

6.5.1　健果率

健果率表示经过一定贮藏期后好果数占总果数的百分比，图 6-14 为紫苏精油复合保鲜膜处理对草莓健果率的影响，在贮存期内，草莓的健果率随着贮存期的延长逐渐降低，贮藏 1 d 时，紫苏精油复合保鲜膜处理可以减缓水果的腐烂速度，1 d 之后健果率开始缓慢下降。在贮藏 2 d 后，紫苏精油复合保鲜膜处理组的健果率是对照组的 3.5 倍，达到最显著区别。

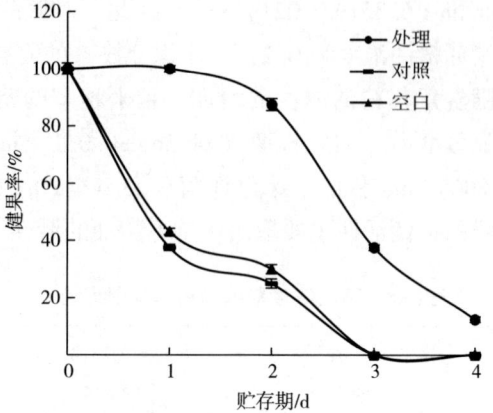

图 6-14　紫苏精油复合保鲜膜对草莓健果率的影响

6.5.2　失重率

采用差重法，贮藏前草莓质量为 M_0，贮藏后草莓质量为 M_1，持续考察 5 天内材料的失重率随储藏时间的变化。按下式计算失重率，计算平均值和标准偏差。

$$失重率(\%) = \frac{M_0 - M_1}{M_0} \times 100 \qquad (6-2)$$

紫苏精油复合保鲜膜处理对草莓失重率的影响见图 6-15。随着贮存期的延长，草莓的失重率逐渐升高，而经紫苏精油复合保鲜膜处理过的草莓失重率要低于 PE 保鲜膜处理组。研究证明，紫苏精油复合保鲜膜可以有效保持草莓果实细胞壁的机械强度，降低草莓失重率，保持草莓中的水分含量并维持其新鲜度。

6.5.3　总可溶性固形物含量

可溶性固形物 TSS，主要包括糖类等物质，是评价水果农业的重要参数。因此，可溶性固形物含量取决于水果的含糖量。随着贮存时间越长，果蔬细胞不断消耗这些糖类物质来维持正常的新陈代谢。因此，通过可溶性固形物含量的变化可以初步推断果蔬营养成分的变化。用手持折光仪测定。将样品洗净并于组织捣碎机中破碎匀浆，准确量取 50 mL 浆液于 250 mL 容量瓶并定容至刻度，摇匀。取 2 滴草莓汁液滴于手持式折光仪棱镜玻璃面进行观察，读取明暗交接线上的刻度，即为可溶性固形物含量。

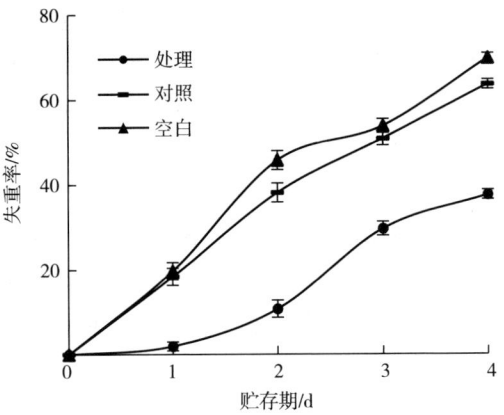

图 6-15 紫苏精油复合保鲜膜对草莓失重率的影响

图 6-16 表明，草莓的 TSS 含量随着贮存期的延长而不断下降，在贮存期内，紫苏精油复合保鲜膜处理组 TSS 含量高于对照组。在整个贮藏期内，紫苏精油复合保鲜膜处理组 TSS 含量下降了 38%，而空白组和对照组降低分别降低了 63% 和 56%，说明紫苏精油复合保鲜膜处理能有效保持草莓 TSS 含量。

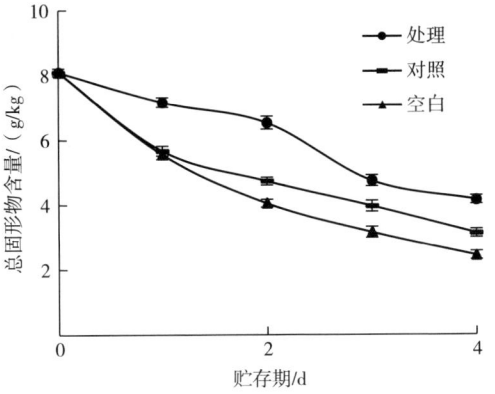

图 6-16 紫苏精油复合保鲜膜对草莓总固形物含量的影响

6.5.4 总酸含量

采用滴定法测定。将样品洗净擦干并于组织捣碎机中破碎匀浆，准确量取 50 mL 浆液于 80 ℃ 水浴加热 30 min，冷却后洗入 250 mL 容量瓶并定容，用经水洗过、烘干的脱脂棉过滤，活性炭脱色备用。吸取 25 mL 滤液与 25 mL 水混匀，用 0.05 mol/L 标准 NaOH 溶液滴定，绘制滴定曲线。

紫苏精油复合保鲜膜处理对草莓总酸含量的影响见图 6-17。紫苏精油生物复合膜处理组与对照组草莓总酸含量总体上都呈现递减趋势，但处理组草莓总酸含量的下降较对照组显著减慢，在贮藏末期，处理组草莓总酸含量是对照组的 2 倍之多。本研究结果和 Alegria 等的一致。这可能是由于草莓在呼吸作用等生理活动过程中会消耗有机酸，使可滴定酸含量下降，同时，微生物的大量繁殖也促进了乳酸和柠檬酸产物的发酵，导致有机酸减少，到贮存末期，各组呼吸作用消耗的有机酸总量都达到最大值，导致草莓贮存期内可滴定酸的显著降低。

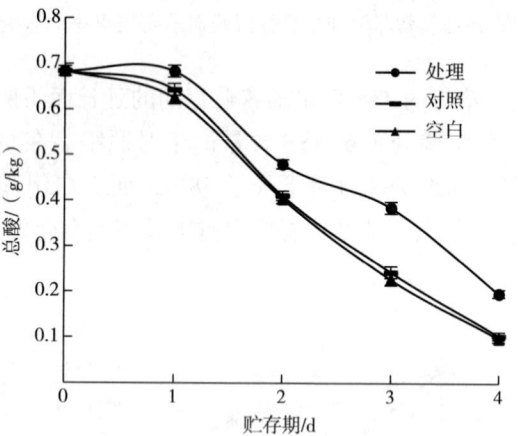

图 6-17　紫苏精油复合保鲜膜对草莓总酸含量的影响

6.5.5　总酚含量

采用 Folin-Ciocalteu 法测定提取物中多酚的含量。将样品洗净擦干并于组织捣碎机中破碎匀浆，准确量取 50 mL 浆液于 250 mL 容量瓶并定容至刻度，摇匀，过滤，活性炭脱色备用。取 1 mL 被稀释的提取液或没食子酸（Gallic acid，GAE）标准溶液，依次加 0.5 mL FC 试剂、1.5 mL 7% Na_2CO_3 和 7 mL 蒸馏水，充分混匀后暗处放置 2 h，于 765 nm 测定吸光度，总酚含量表示成 mg GAE/g。以 GAE 质量浓度为横坐标，吸光度值为纵坐标，绘制的标准曲线方程为 $y = 0.0113x + 0.0151$（0~60 μg/mL；$R^2 = 0.9994$）。

总酚作为草莓中重要的营养物质，能够有效延缓草莓果实的衰老速度，也是评价其营养价值的重要指标之一。紫苏精油复合保鲜膜处理对草莓总酚含量的影响见图6-18。处理组、对照组和空白草莓的总酚含量总体上都呈递减趋势，但是紫苏精油复合保鲜膜处理过的草莓总酚含量变化较对照组显著减慢，在贮藏末期，处理组、对照组及空白组草莓的总酚含量分别降低了56%、78%和85%。由此可知，相比于PE化学保鲜膜，紫苏精油复合保鲜膜对草莓有更好的保鲜作用。

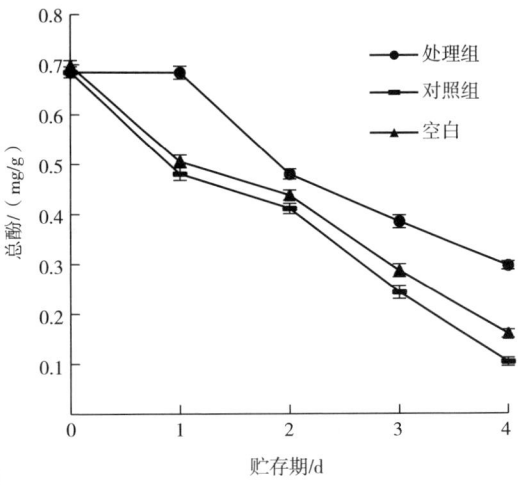

图6-18 紫苏精油生物复合膜对草莓总酚含量的影响

6.5.6 感官评价

感官分析可以直接反应消费者的购买兴趣，也可以最直观、最快速的评价水果的品质。随机抽取100位受试者对包装后的草莓进行观察记录，对草莓的认可度、气味、味道、硬度、色泽分别进行感官质量标准评分，然后进行综合评定，各项评分满分为10分，方法见表6-9。

表6-9 微胶囊保鲜草莓感官评价标准

评分	认可度	气味	味道	硬度	色泽
0~2	难以接受	异味严重	苦涩，难以下咽	软化严重，有水渍浸出	严重褐变，产生霉斑
3~5	不能接受	略有异味	略有苦味	开始出现软化症状	颜色变暗，中度褐变

续表

评分	认可度	气味	味道	硬度	色泽
6~8	可以接受	正常，无异味	正常，无异味	草莓弹性较好，果肉较硬	颜色正常，轻度褐变
9~10	极度认可	气味清香	鲜美香甜，芳香味浓	草莓弹性好，果肉硬	颜色鲜艳，无褐变

紫苏精油复合膜处理对草莓感官品质的影响如图6-19所示。随着贮存时间增加，各组草莓的感官评分值逐渐降低，但处理组感官评分值普遍高于对照组。说明紫苏精油生物复合膜的保鲜作用较好，能够有效抑制草莓的腐败变质、维持其色泽、改善其气味，同时较好地维持了草莓的外观品质。这可能是因为紫苏精油显著的抑菌活性提高了草莓抵抗外界有害物质侵害的能力，从而延长了草莓的贮存时间。

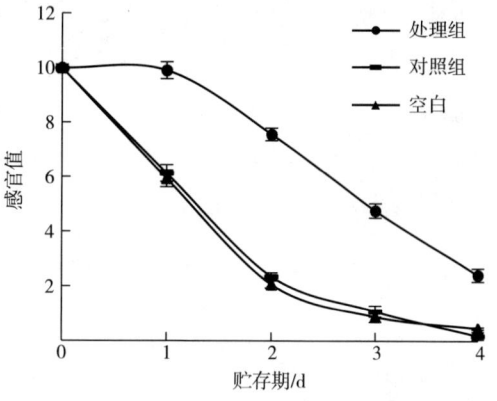

图6-19　紫苏精油复合保鲜膜对草莓感官品质的影响

任红等利用2.0%羧甲基壳聚糖涂膜液对草莓进行保鲜，并测定其对草莓的感官品质、失重率、维生素C含量等生理生化指标的影响，结果表明，2.0%的羧甲基壳聚糖处理对草莓果实的保鲜效果较好，在贮存期内，处理组草莓的硬度、色泽以及气味等感官品质的变化明显慢于对照组，在贮存3 d时，处理组草莓的失重率接近10%，可溶性固形物含量为7.0%，维生素C含量为60 mg/100 g，说明2.0%的羧甲基壳聚糖处理最大限度地降低了草莓的失重率，有效保持了草莓中可溶性固形物和维生素C含量，减少了草莓营养成分的损失并延长了贮存期。在齐越等关于常温贮存条件下PE包装膜和接枝改性淀粉/PVA 多菌灵保鲜薄膜对草莓的保鲜作用的研究中，当贮存时间为 1.5 d 时，PE 包装膜感官评分为 2.0，果实霉变严重，其失重率达 20%，烂果率达 100%，维生素 C 含量为 35 mg/100 g，可溶性固形物含量仅为 9%，总酸含量仅为 0.13%，与之相比，多菌灵保鲜薄膜在贮存期为 1.5 d 时，其感官评分为 5.3，半数果实发生霉变，其失重率接近 20%，烂果率为 65%，维生素 C 含量为 40 mg/100 g，可溶性固形物含量接近 11%，总酸含量接近 0.16%，结果表明，接枝改性淀粉/PVA 多菌灵保鲜薄膜对草莓有一定的保鲜作用。本实验在相同的储存时间内，紫苏精油复合保鲜膜的感官评分为 7.5，果实发生少量霉变，健果率达 87.5%，失重率为 10%，可溶性固形物含量为 6.5%，总酸含量为 0.48 g/kg，总酚含量为 0.48 mg/g。因此，紫苏精油复合保鲜膜与其他保鲜材料比，有更好的保鲜效果，在常温条件下能将草莓的货架期延长 2~3 d，可以在一定时间内较好地保持草莓的风味和商品价值，有望作为一种安全环保的保鲜包装材料。

第 7 章　总结与展望

本篇针对紫苏精油综合利用展开研究，探讨紫苏精油的提取工艺，分析精油的化学组成和生物活性；研究紫苏精油对大肠杆菌的抑菌机理；研究紫苏精油微胶囊和复合保鲜膜的制备工艺及所制备材料的结构特性；探讨紫苏精油复合材料在水果保鲜防腐上的应用性能，总结如下：

1）以紫苏叶为原料，比较超声辅助有机溶剂（UASE）法、水蒸气蒸馏（SD）法和超临界 CO_2 萃取（SFE-CO_2）法三种方法对紫苏精油提取率和组分的影响，确定了紫苏精油提取的最优方法——水蒸气蒸馏法；通过单因素试验和正交试验优化了紫苏精油的较佳提取工艺：料液比 1∶15，浸泡时间 4 h，提取时间 4 h，紫苏精油提取率达到 0.89%。

2）通过比较不同品种紫苏精油含量、组成成分、抗氧化性和抑菌性，初步探讨不同品种紫苏精油的差异性。结果表明：不同品种紫苏精油含量差异显著，其中，YX 品种精油含量最多，为 0.834%，YN 品种精油含量最少，为 0.092%。GC-MS 共鉴定出 55 种紫苏精油组分，占总油量的 85.73%～98.44%。不同品种紫苏精油组成成分存在定性和定量差异，其中，2-己酰基呋喃（2.36%～29.15%），麝香草（28.88%～32.14%），丁香酚（0.26%～19.34%），2,5-二甲基-2-(1-甲基乙基)-环己酮（18.76%～64.05%），洋芹醚（0.37%～18.05%），1-甲基-2-亚甲基反式萘烷（1.55%～23.79%），2-烯丙基-1,4-二甲氧基-3-甲苯（21.45%）等是不同品种紫苏精油的主要组分。不同品种紫苏精油的抗氧化性和抗菌性差异显著，其中，YX 和 ZB-1 品种紫苏精油生物活性最强，可作为紫苏精油的主要品种来源。

3）采用单因素试验和响应面法优化了壳聚糖—海藻酸钠复合保鲜膜制备的最佳工艺条件：壳聚糖浓度 1.99%、海藻酸钠浓度 1.98%、共混液中海藻酸钠膜液比例 50%、甘油浓度 0.67%。在上述复合膜中添加紫苏精油使膜总色差增加，透光率降低。当紫苏精油浓度为 0.6%时，膜的机械性能、阻隔性能以及感官性能最好。

4）通过 SEM、XRD、FTIR 和 TG/DTG 等手段对紫苏精油复合膜结构进行表征，结果表明，紫苏精油有效地填充了壳聚糖—海藻酸钠的网状骨架结构的空隙，且复合膜光滑、致密，保证了复合膜机械性能的稳定，极大地促进了复合膜水蒸气透过性的下降，提高了阻水性能。

5）紫苏精油复合保鲜膜对草莓保鲜的研究结果表明，室温条件下，相比 PE 保鲜膜，紫苏精油复合保鲜膜可以显著延缓草莓果实的腐烂，降低其营养成分的损失，延长样品货架期 2d 左右。这说明添加紫苏精油的壳聚糖—海藻酸钠复合膜更适用于草莓的包装。本实验制备的紫苏精油复合保鲜膜在水果的包装保鲜应用中效果良好，有望替代 PE 保鲜膜而推广应用。

本篇对多个不同品种的紫苏精油进行了组分分析、抗氧化及抑菌活性研究，明确了不同品种紫苏精油的异同点及种属相关性。将提取的紫苏精油以壳聚糖和海藻酸钠为载体，采用聚合物包覆方式制备性质稳定紫苏精油复合保鲜膜，并将该复合膜应用于水果保鲜防腐，其保鲜效果比市售 PE 保鲜膜显著。但研究发现，紫苏精油体外抗氧化活性及抑菌性较强，但尚未对体内的抗氧化及抑菌活性进行研究，同时对于紫苏精油某种单一组分活性的强弱还缺乏有力的证据，也没有对其进行安全性评价。因此，后期将开展以下 3 个方面的研究：

1）对紫苏精油的抗氧化及抑菌活性开展体内试验，以此确定利用紫苏精油开发抗氧化剂或抑菌剂的可能性。

2）分离紫苏精油的有效组成成分，并将所分离的单一组分进行体外和体内的抗氧化和抑菌试验，分别考察单一组分活性的强弱，并探究发挥抗性作用的成分是哪一种或哪几种成分协同作用的结果。

3）开展紫苏精油的毒理学试验，探究其在生物体内的代谢方式并确定其安全摄入量，为紫苏精油应用于医药、食品、化妆品等领域提供安全保障。

参考文献

［1］王健，薛山，赵国华．紫苏不同部位精油成分及体外抗氧化能力的比较研究［J］．食品科学，2013，34（7）：86-91.

［2］邵平，洪台，何晋浙，等．紫苏精油主要成分季节性变化分析及其干燥方法研究［J］．中国食品学报，2012，12（9）：216-220.

［3］方荣美，毛姝赟．气相色谱法测定紫苏挥发油中紫苏醛的含量［J］．重庆三峡学院学报，2009，25（3）：78-80.

［4］蒋军辉，杨慧仙，杨胜园，等．GC-MS联用技术分析湖南产紫苏挥发油成分［J］．亚太传统医药，2012，8（5）：26-29.

［5］林梦南，苏平，应丽亚，等．紫苏精油微波萃取工艺的响应面优化及其化学成分研究［J］．浙江大学学报（农业与生命科学版），2011，37（6）：677-683.

［6］林梦南，苏平．响应面法优化紫苏挥发油的水蒸气提取工艺及其成分研究［J］．中国食品学报，2012，12（3）：52-60.

［7］李娜，乔宏萍，刘地，等．肉桂精油成分分析及其抗氧化性和抑菌活性的研究［J］．中国粮油学报，2020，35（9）：96-102.

［8］李娜，乔宏萍，王宇欣，等．复配精油抑菌剂的制备及其对鲜切猪肉的抑菌作用［J］．食品与发酵工业，2023，49（18）：259-265.

［9］苏刘花，杨存．一种紫苏精油微胶囊的制备方法及其在烟草中的应用，CN 104178343A［P］．2014.

［10］TIAN J, ZENG X, ZHANG S, et al. Regional variation in components and antioxidant and antifungal activities of *Perilla frutescens*, essential oils in China［J］. Industrial Crops & Products, 2014, 59 (59): 69-79.

［11］BENZIE I F, STRAIN J J. The ferric reducing ability of plasma (FRAP) as a measure of "antioxidant power": the FRAP assay［J］. Analytical Biochemistry, 1996, 239 (1): 70-76.

［12］VALENTE J, RESENDE R, ZUZARTE M, et al. Bioactivity and safety profile of *Daucus carota*, subsp. maximus, essential oil［J］. Industrial Crops & Products, 2015, 77 (7): 218-224.

［13］HOSSEINI S F, REZAEI M, ZANDI M, et al. Bio-based composite edible films containing *Origanum vulgare*, L. essential oil［J］. Industrial Crops & Products, 2015, 67: 403-413.

［14］JAHED E, KHALEDABAD M A, ALMASI H, et al. Physicochemical properties of Carum copticum essential oil loaded chitosan films containing organic nanoreinforcements［J］. Carbohydrate Polymers，2017，164：325-338.

[15] HOSSEINI M，RAZAVI S，MOUSAVI M. Antimicrobial，physical and mechanical proper-
ties of chitosan based films incorporated with thyme，clove and cinnamon essential oils ［J］.
Journal of Food Processing & Preservation，2009，33（6）：727-743.

[16] MARIN L，STOICA I，MARES M，et al. Antifungal vanillin-imino-chitosan biodynameric
films ［J］. Journal of Materials Chemistry B，2013，1（27）：3353-3358.

[17] WANG L，LIU F，JIANG Y，et al. Synergistic Antimicrobial Activities of Natural Essential
Oils with Chitosan Films ［J］. Journal of Agricultural & Food Chemistry，2011，59（23）：
12411.

[18] CARLA A，JOAQUINA P，ELSAM G，et al. Evaluation of a pre-cut heat treatment as an
alternative to chlorine in minimally processed shredded carrot ［J］. Innovative Food Science
& Emerging Technologies，2010，11（1）：155-161.

[19] 任红，商宪库，曹兵，等. 羧甲基壳聚糖涂膜在草莓保鲜中的应用研究 ［J］. 食品
科技，2007，32（4）：211-213.

第三篇
核桃青皮多糖及其
对肠道炎症预防
作用研究

核桃树，乔木，属胡桃科植物，高达10～25 m；树冠大而荫浓，枝干为灰白色，花期为每年4～5月，核果为9～10月成熟。核桃树遍布中国各地，它的树叶能挥发核桃酚，有杀菌除虫的功效；核桃仁含油量高，可生食，亦可榨油食用，核桃壳可以加工成艺术品。

核桃营养价值极高，核桃最外层的青绿色外皮称为核桃青皮，中医验方中叫核桃青皮为青龙衣，属于未成熟的核桃外果皮，具有消肿止痛、杀菌消炎等功效。本研究采用的核桃青皮，与青龙衣有所不同，它来自白露节气之后采收的成熟核桃的外果皮，属于核桃青皮的副产物。近几年，随着核桃产量的逐渐递增，核桃青皮产量也随之增加，被当作垃圾扔掉。为提高核桃青皮的有效利用，国内外学者展开了对核桃青皮的研究，为其生物活性成分的开发和应用提供了可靠的数据支撑。

核桃植株周身是宝，随着核桃大面积的种植，核桃青皮的有效成分不断被国内外学者发掘，从分离提取到成分鉴定取得了一定的进展，并且在农药、医学和食品等方面综合利用，其中具有功能性的活性成分主要有醌类、多酚类、多糖、二芳基庚烷类、挥发油、生物碱，除此之外还含有脂肪酸，维生素、矿物质元素等。其生物活性表现为：①醌类化合物：该类物质是从青皮中分离出来的羟基萘醌类化合物，对人体健康没有任何伤害，

可以作为一种安全的防腐剂，在核桃青皮中还发现了氢化胡桃醌及其苷类，以及胡桃醌的低聚体。其中胡桃醌具有抑菌、抗癌作用，在体外具有良好的抗氧化能力。②多酚类物质：普遍存在于植物体内，具有抑菌、抗肿瘤、抗动脉粥样硬化、抗氧化等功能，其抗氧化能力随浓度增加而增加。研究发现，核桃青皮中单宁属水解类单宁，且含量丰富。③黄酮类物质：黄酮类化合物广泛存在于胡桃科植物中，具有抗肿瘤、抗炎等药理作用，其含量随季节变化较大，初伏前含量较低，入伏后达到峰值，伏天过后则含量下降。④二芳基庚烷类：该类类化合物存在于大部分植物的根、茎、皮、花以及果皮等部位中，具有很高的药用价值，周媛媛等对核桃青皮进行分离和结构鉴定，结果表明，抗肿瘤活性成分为分离得到的 5 个二芳基庚烷类化合物。⑤多糖是核桃青皮中主要活性成分之一。张雪春等对核桃青皮中的多糖进行了提取，实验证明，核桃青皮多糖对·OH、DPPH·、ABTS$^+$均有较好的还原能力，抗氧化活性较好。核桃青皮中多糖含量并不是恒定不变的，王红霞等发现，青皮多糖含量成熟期最低，果壳硬化期最高，为揭示核桃青皮多糖含量与生长发育过程中的相互关系具有重要启示。⑥其他活性物质：不饱和脂肪酸：核桃青皮中被分离出来的不饱和脂肪酸，对防治心脏病、高血压具有特殊功效。无机盐：核桃青皮中提取出来的无机盐具有镇痛作用，作用强度与剂量有关。挥发油：从核桃青皮中提取出的挥发油具有抑菌、消炎、平喘等作用。

核桃青皮作为核桃的副产品，其生物活性成分复杂，随着植物提取分离技术的大力发展，对核桃青皮中化学组成解析、功能活性成分分析及药理作用分析也将逐步取得更大进展，研究价值和经济价值将会得到更大的提升。

第8章　核桃青皮多糖的提取及其工艺优化

双水相萃取具有操作条件温和、产品活性损失少、萃取体系具有可调性等优点，尤其适用于天然活性物质的提取与分离，然而，目前还没有研究涉及此项技术用于核桃青皮多糖的提取。本章主要介绍双水相法结合 Box-Behnken 响应面耦合遗传算法（genetic algorithm，GA）提取核桃青皮多糖（walnnt peel polysaccharides，WPPs）的最优提取工艺条件，为核桃青皮多糖的提取提供良好指导。

8.1　双水相相图的绘制

采用浊点滴定法绘制双水相相图。如图 8-1 所示，相图是一条曲线。根据相图，在两相区内选择乙醇和 K_2HPO_4 质量分数进行核桃青皮多糖提取试验。

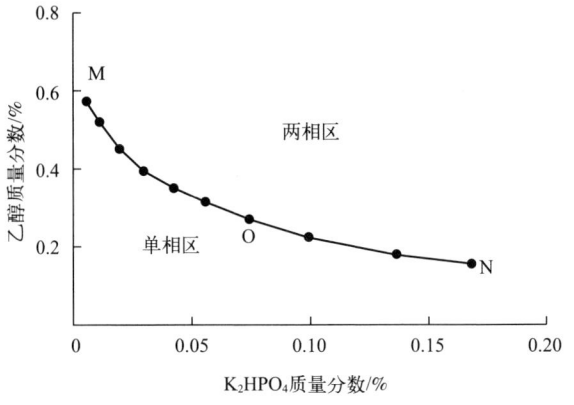

图 8-1　乙醇 K_2HPO_4 双水相相图

8.2　不同因素对核桃青皮多糖提取率的影响

白露节气之后采收成熟核桃的外果皮，自然晒干后置于多功能粉碎机内，先行粉碎处理，过筛，放入提前备好的密封袋，室温储存备用。

以多糖提取率作为考察指标，分别考察核桃青皮多糖提取效果所受提取时间（10 min、20 min、30 min、40 min、50 min）、K_2HPO_4 质量分数（12%、14%、16%、18%、20%）、加料量（0.50 g、0.60 g、0.75 g、1.00 g、1.50 g）、提取温度（20 ℃、30 ℃、40 ℃、50 ℃、60 ℃）、乙醇质量分数（28%、30%、32%、34%、36%）这几种因素的影响。

8.2.1　K_2HPO_4 质量分数对核桃青皮多糖提取率的影响

由于双水相体系中下相所占的体积越大越有利于多糖的提取，而下相的体积与 K_2HPO_4 的质量分数密不可分。本研究由低到高选取了 5 种不同质量分数的 K_2HPO_4，由图 8-2 可见，在 K_2HPO_4 质量分数为 16% 时，可获得最高 WPPs 提取率，之后继续上调 K_2HPO_4 质量分数，多糖提取率也不会再增高反而呈现出下降的趋势。这可能是由于盐浓度越高，下相中溶解多糖的自由水的体积越少，因此多糖的分配行为也受到影响，使得 WPPs 提取率下降。因此，选取 16% 作为核桃青皮多糖双水相提取的最适 K_2HPO_4 质量分数。

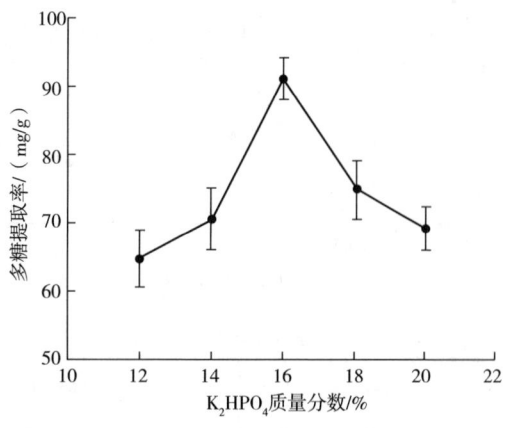

图 8-2　K_2HPO_4 质量分数对多糖提取率的影响

8.2.2　乙醇质量分数对核桃青皮提取率的影响

如图 8-3 所示，32%乙醇质量分数对应的多糖提取率位于折线图的最高点，之后乙醇质量分数继续上调，WPPs 提取率降低。原因可能是乙醇质量分数上调后，进一步增强了其水化能力，增大了相比，减小了下相体积，弱化了 K_2HPO_4 溶解性，多糖提取受到负面影响。所以，最佳提取条件为乙醇质量分数 32%。

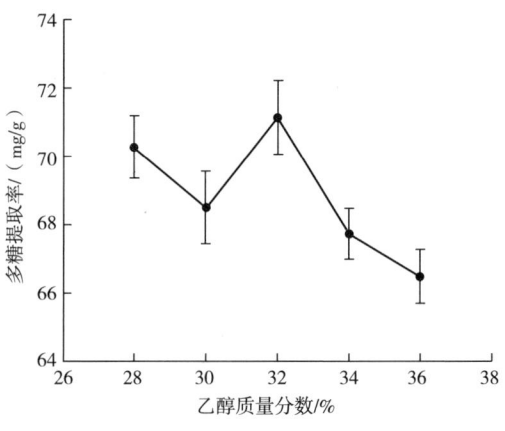

图 8-3　乙醇质量分数对多糖提取率的影响

8.2.3　加料量对核桃青皮多糖提取率的影响

从图 8-4 可以看出，加料量为 0.6 g 时呈现出最大的 WPPs 提取率，之后继续上调加料量，WPPs 提取率开始下降。可能因为溶质和溶液的接触面积随着加料量的增加而扩大，有利于多糖的溶出；但在加料量超过 0.6 g 后，上调加料量的同时，细胞内外的 WPPs 向溶解平衡状态发展，多糖不能完全溶出，传质速率和效率降低；同时随着加料量的不断增多，造成水溶性杂质同样增多。说明加料量过大或者过小都不利于 WPPs 的提取。考虑到提取成本，选择 0.6 g 加料量作为多糖提取的最适提取参数。

8.2.4　提取温度对核桃青皮多糖提取率的影响

由图 8-5 可以看出，多糖提取率会因温度升高而增加，因温度下降而降低，植物多糖通常难溶于冷水、易溶于热水。温度为 30 ℃时，WPPs 的提取率最大，为 103.46 mg/g，可见，30 ℃为最理想的 WPPs 提取温度。

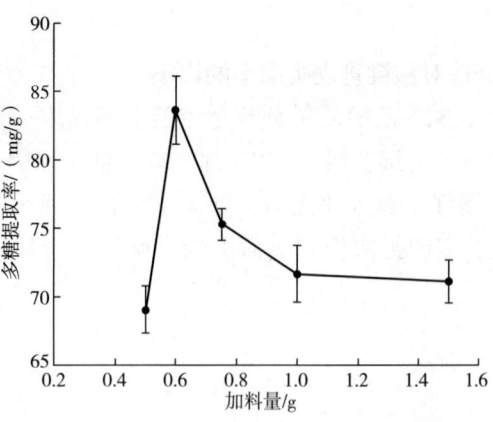

图 8-4　加料量对多糖提取率的影响

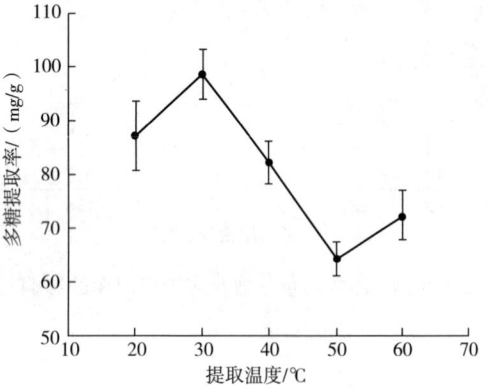

图 8-5　温度对多糖提取率的影响

8.2.5　提取时间对核桃青皮多糖提取率的影响

由图 8-6 可以看出，本次试验设置了 5 个时间点，双水相体系在 40 min 的萃取时间时 WPPs 得率最高；但萃取时间增加至 50 min，多糖得率变化不明显，并且时间延长会引起提取效率降低。综合考虑，本研究中最理想的 WPPs 双水相提取时间为 40 min。

通过以上单因素试验分析并综合考虑多糖提取率及试验成本等因素，提取 WPPs 的最佳单因素条件：组成双水相体系的乙醇质量分数为 32%，K_2HPO_4 质量分数为 16%，加入量为 0.6 g，提取时间为 40 min，温度为 30 ℃。除乙醇质量分数、加料量外，前述 5 个单因素中余下的 3 个因素对

WPPs 提取率的影响程度皆在 10% 以上，因此，将加料量 0.6 g 以及构成双水相体系的乙醇质量分数（32%）保持恒定，响应面测试方案优化指标即为 K_2HPO_4 质量分数、提取时间、提取温度。

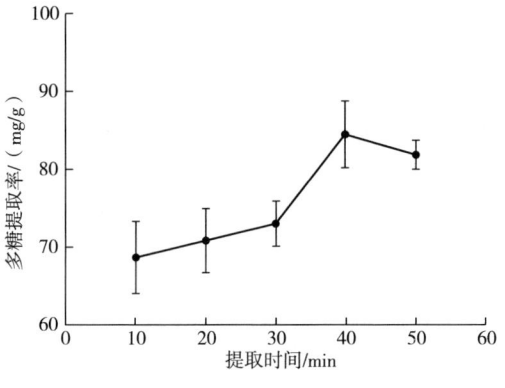

图 8-6　提取时间对多糖提取率的影响

8.3　核桃青皮多糖提取条件优化

把配制双水相所需 K_2HPO_4 质量分数、提取时间与提取温度这 3 项因素当做变量，依次记作 A、B、C，将 WPPs 提取率视为响应值，记作 Y，设计实验，其中不变条件为制备双水相时需要的乙醇质量分数 32%，体系中始终加料量为 0.6 g。3 个实验变量及实验水平见表 8-1。

表 8-1　响应面实验因素与实验数据

因素	水平		
	-1	0	1
A（K_2HPO_4/%）	14	16	18
B（提取时间/min）	30	40	50
C（提取温度/℃）	20	30	40

8.3.1　Box-Behnken 优化核桃青皮多糖提取率

选择的优化因素为 K_2HPO_4 质量分数（A）、提取时间（B）和提取温度

（C），响应值（Y）为多糖得率，结果见表 8-2，该结果拟合的二次回归方程为：

$$Y = 110.92 + 11.98A - 6.00B - 0.100C - 4.85AB - 2.00AC + 4.95BC - 27.49A^2 - 6.54B^2 - 9.93C^2。$$

由表 8-3 的方差分析结果可知，拟合模型极显著（$P < 0.0001$），即每个因素及其响应值关系密切。$P = 0.1751$ 为其失拟项，即实验数据与此模型在实验范围内的拟合性较高；信噪比大于 4（17.4495），证实产生了极高的信号强度；R^2（拟合系数）等于 0.9822，表明实验数据与预测值吻合度较高；R_{Adj}^2 值为 0.9594，证实测试考察变量造成的变化占比 95.94%；4.25% 的变异系数值证实在试验范围内模型稳定性一致。差异极显著（$P < 0.01$）的为一次项 A 和 B、二次项 A^2 和 C^2，差异显著（$P < 0.05$）的为交互项 AB、BC、二次项 B^2。这表明 K_2HPO_4 质量分数和提取时间两个因素对核桃青皮多糖提取率具有显著影响。综合分析，本试验方法可靠，各因素水平间设计合理。

表 8-2 Box-Behnken 实验方案和测试结果

试验号	K_2HPO_4 质量分数 /%	提取时间 /min	提取温度 /℃	多糖得率 /(mg/g)
1	0	0	0	107.6
2	0	1	1	94.5
3	−1	0	1	59.5
4	0	1	−1	80.5
5	0	0	0	109.8
6	0	−1	−1	104.3
7	0	0	0	109.7
8	−1	1	0	66.5
9	−1	0	−1	60.0
10	1	−1	0	97.0
11	0	−1	1	98.5
12	1	1	0	77.2
13	1	0	−1	91.5
14	0	0	0	112.4

续表

试验号	K_2HPO_4 质量分数 /%	提取时间 /min	提取温度 /℃	多糖得率 /(mg/g)
15	0	0	0	115.1
16	-1	-1	0	66.9
17	1	0	1	83.0

表 8-3　响应面方差分析

方差来源	平方和	自由度	均方	F 值	P 值
模型	5685.33	9	631.70	43.00	<0.0001 **
A（K_2HPO_4 质量分数）	1147.21	1	1147.21	78.09	<0.0001 **
B（时间）	288.00	1	288.00	9.60	0.0031 **
C（温度）	0.08	1	0.08	0.0054	0.9432
AB	94.09	1	94.09	6.40	0.0392 *
AC	16.00	1	16.00	1.09	0.3314
BC	98.01	1	98.01	6.67	0.0363 *
A^2	3180.74	1	3180.74	216.52	<0.0001 **
B^2	179.82	1	179.82	12.24	0.0100 *
C^2	415.60	1	415.60	28.29	0.0011 **
残差	102.83	7	14.69		
失拟项	69.40	3	23.13	2.77	0.1751
纯误差	33.43	4	8.36		
总和	5788.16	16			
R^2	0.9822		$C.V./$	4.25	
R_{Adj}^2	0.9594		信噪比	17.4495	

注　"*"表示差异显著（$P<0.05$），"**"表示差异极显著（$P<0.01$）。

8.3.2　模型准确性分析

核桃青皮多糖响应值的残差正态分布概率图如图 8-7（a）所示，一条直线双侧相对合理地分布着 17 组响应值，方差高度吻合。图 8-7（b）显示，实测值趋同于预测值，证实 3 个变量指标及其响应联系可以利用本次设计的模型有效拟合。图 8-7（c）所示为基于建模拟合分析 17 组实验运行数据与

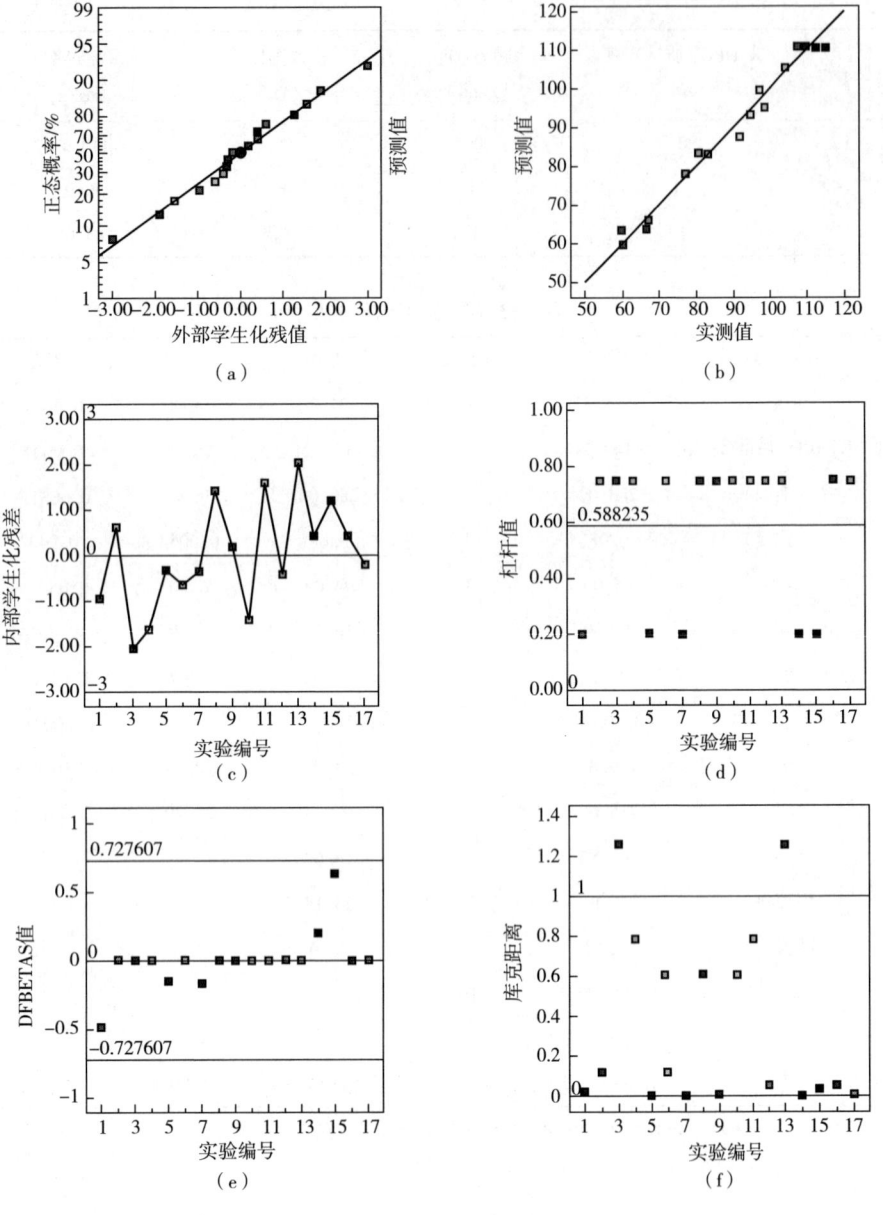

图 8-7　Box-Behnken 模型准确度测试

内部学生化残差的结果，表明各数据点全部没有超出极值之间，并且数据都落在 [-3, 3]。图 8-7 (d) 说明杠杆值处在样本空间中心，全部小于 1，证实实验模型不存在任何有效偏差。图 8-7 (e) 则为基于 DFBETAS 值的差异图，17 组运行数据均影响其回归系数；明显影响统计量的实验指标可以基于库克距离证实，第 3 组和第 13 组试验值为离群点，拟合二次多项式模型环节，需做剔除处理［图 8-7（f）］，但是结合图 8-7［（a）~（e）］综合分析得到，第 3 组和第 13 组实验值为强影响点而非异常点，因此予以保留，其余 15 组实验值的库克距离值在确定的范围内。本回归分析结果说明该核桃青皮多糖提取技术模型有相对较高的准确性。

8.3.3　交互作用分析

如图 8-8（a）所示，响应面 3D 图形呈现为一个向上拱起的曲面，可见双水相体系所含 K_2HPO_4 质量分数同提取时间的交互效应可显著影响 WPPs 得率，并且具有极大值，此极大值见于响应曲面的最上方。从图 8-8（b）中可以看出 K_2HPO_4 质量分数与提取时间的交互作用较强。同样，图 8-9（a）也是一个向上拱起的曲面，颜色由深逐渐变浅，可见，在提取时间与温度上调时，WPPs 提取率呈先提高后下降表现；图 8-9（b）是图 8-9（a）的等高线图，结果同图 8-9（a）一致。

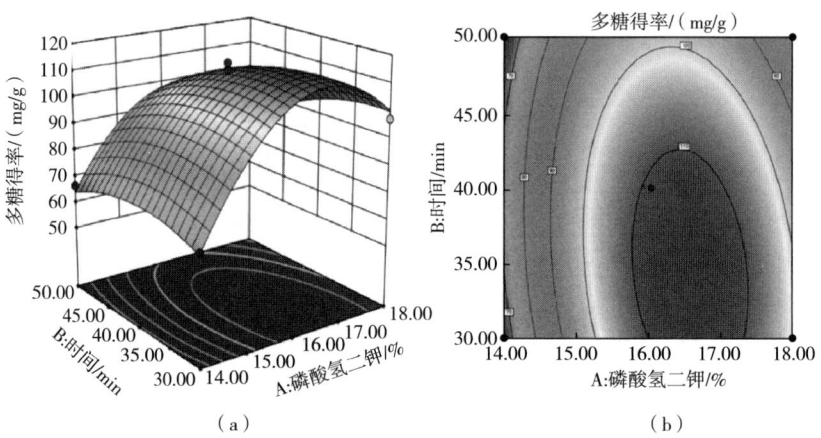

（a）　　　　　　　　　　　　　　　（b）

图 8-8　提取时间与 K_2HPO_4 交互作用对多糖提取率的影响

8.3.4　核桃青皮多糖最佳提取工艺优化

采用 RSM 模型作为 GA 的适应度函数。如式（8-1）所示。

$$\text{Maximize} y = f(x);\ X_i^L \leq X_i \leq X_i^U,\ i = 1,\ 2,\ \cdots,\ n \qquad (8-1)$$

式中：$f(x)$——从 RSM 模型得到的目标函数；

x——输入向量；

y——核桃青皮多糖得率，mg/g；

X_i^L 与 X_i^U —— X_i 的下边界、上边界。

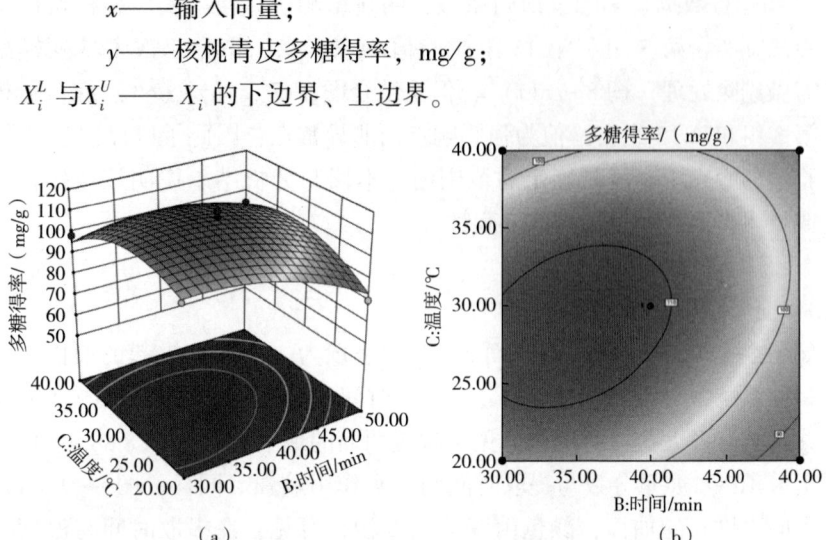

图 8-9　提取时间与提取温度交互作用对多糖提取率的影响

遗传算法优化的约束条件：选择各因素水平的上下限，下式为 WPPs 得率最佳的约束条件。

$$\begin{cases} 14\% \leqslant X_1 \leqslant 18\% \\ 30 \ \text{min} \leqslant X_2 \leqslant 50 \ \text{min} \\ 20 \ ℃ \leqslant X_3 \leqslant 40 \ ℃ \end{cases}$$

分析优化工具选择的是遗传算法优化工具箱（Matlab 2022b 软件），共完成 66 次迭代，此时 K_2HPO_4 质量分数（X_1）、提取时间（X_2）、提取温度（X_3）分别为 16.5624%，33.6465 min 和 28.0837 ℃，此条件下，WPPs 得率最高预测值为 114.519 mg/g。遗传算法优化结果如图 8-10 所示。

8.3.5　最佳提取工艺验证

通过遗传算法可以得出优化工艺条件为：K_2HPO_4 质量分数、提取时间、提取温度分别是 16.5624%、33.6465 min、28.0837 ℃时，所得核桃青皮多糖提取率理论值为 114.519 mg/g。为验证遗传算法，方便实际操作，将上述提取条件修改为：K_2HPO_4 质量分数，提取时间，提取温度分别为 16%、34 min、28 ℃时，开展验证实验，最终得到 WPPs 的提取率为 111 mg/g，实验值同理论值的相对误差为 2.6%，说明响应面耦合遗传算法可较好地模拟和预测核桃青皮多糖得率，进一步证实采用遗传算法优化双水相提取核桃青皮多糖工艺参数是可行的，可为实际操作提供良好的指导。

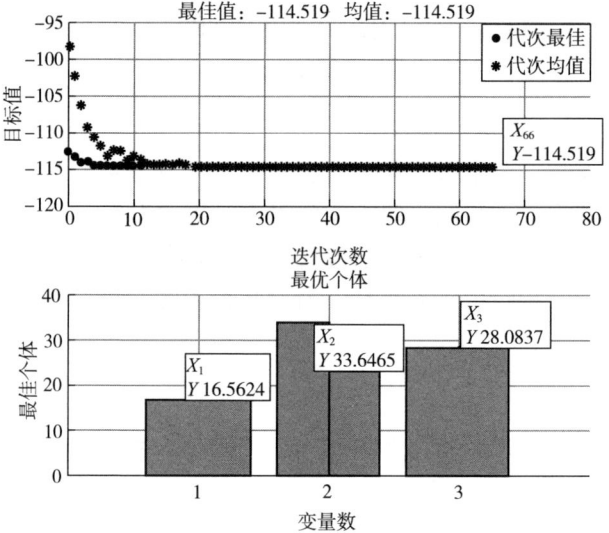

图 8-10　遗传算法优化结果

第9章 核桃青皮多糖的纯化及结构表征

解析多糖结构，测定分子量大小，对揭示多糖性质和功能活性具有重要指导意义。本章通过初步纯化双水相所得核桃青皮多糖，并采用 X 射线衍射仪、红外光谱仪、综合热分析仪、高效液相色谱仪、离子色谱仪等对核桃青皮多糖的结构特征进行解析，为后续研究核桃青皮多糖的构效关系提供坚实的理论基础。

9.1　核桃青皮多糖的初步纯化

双水相方法提取出来的核桃青皮溶液与正丁醇和氯仿的混合溶液（1∶4）互相混合，振荡 20 min，离心后将上层的清液取出，直至中间层无蛋白乳状液产生，完成多糖 Sevage 脱蛋白过程。将经过除蛋白质后的 WPPs 溶液加入透析袋（7000 Da）中，透析 48 h 后将 WPPs 多糖溶液浓缩，冷冻干燥。核桃青皮多糖溶液经除蛋白、透析后，计算得到多糖纯度为 81.35%。

9.2　核桃青皮多糖的单糖组成

室温条件下，精确配制 15 mmol/L NaOH 溶液和 100 mmol/L NaAc 溶液。取 15 种单糖标准品，配成标准母液。取各单糖标准溶液精密配制浓度标准品作为混标。根据绝对定量方法，测定不同单糖质量，根据单糖摩尔质量计算出摩尔比。

精密称量纯化后的 WPPs 粉末 5 mg 置于安瓿瓶中，加入 3 mol/L TFA 2 mL，120 ℃水解 3 h。准确吸取酸水解溶液转移至管中用氮气吹干，加入 5 mL 水涡旋混匀，吸取 50 μL 加入 950 μL 去离子水，12000 r/min 离心 5 min。取上清进行色谱分析。色谱柱：Dionex Carbopac TM PA20（3 * 150 mm）；流动相：A：H_2O；B：15 mmol/L NaOH 和 100 mmol/L NaAc；流速：0.3 mL/min；进样量：5 μL；柱温：30 ℃；检测器：电化学检测器。

通过与单糖标准品的保留时间［图 9-1（a）］做对比，获得 WPPs 的单糖组成［图 9-1（b）］。表 9-1 显示，WPPs 的单糖组成及摩尔比为岩藻糖：鼠李糖：阿拉伯糖：半乳糖：半乳糖醛酸 = 0.014：0.065：0.074：0.085：0.762。

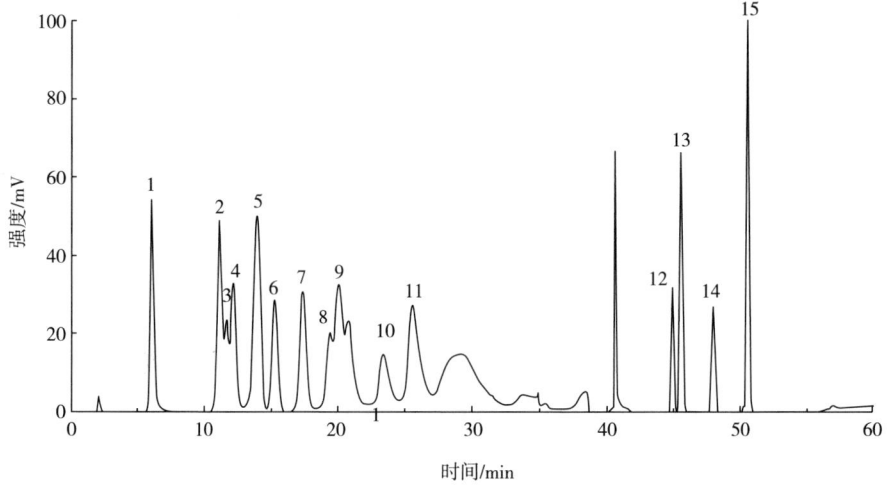

（a）15种单糖标准品离子色谱图

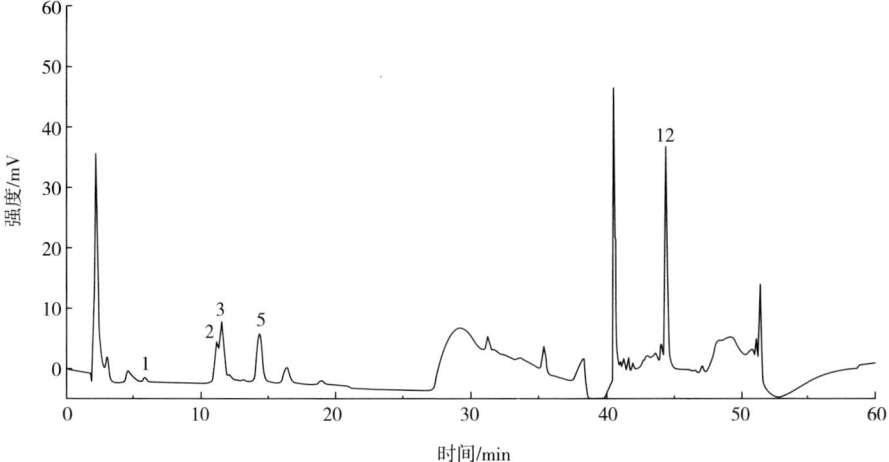

（b）单糖组成离子色谱图

图 9-1　色谱图

1—岩藻糖　2—鼠李糖　3—阿拉伯糖　4—盐酸氨基葡萄糖　5—半乳糖

6—葡萄糖　7—N-乙酰-D 氨基葡萄糖　8—木糖　9—甘露糖　10—果糖　11—核糖

12—半乳糖醛酸　13—古罗糖醛酸　14—葡萄糖醛酸　15—甘露糖醛酸

表 9-1　WPPs 的单糖组成及摩尔分数

名称	保留时间/min	摩尔比
岩藻糖	5.85	1.4
鼠李糖	11.19	6.5
阿拉伯糖	11.62	7.4
半乳糖	14.46	8.5
半乳糖醛酸	44.42	76.2

9.3　核桃青皮多糖的分子量

室温条件下，精密配制 0.05 mol/L NaCl 溶液。精密称取样品和葡聚糖标准品，样品配制成 5 mg/mL 溶液，12000 r/min 离心 10 min，上清液用 0.22 μm 的微孔滤膜过滤，然后将样品转置于 1.8 mL 进样瓶中，进行色谱检测。色谱柱：BRT105-104-102 串联凝胶柱（8＊300 mm）；流动相：0.05 mol/L NaCl 溶液；流速：0.6 mL/min，柱温：40 ℃；进样量：20 μL；检测器：RI-10A 示差检测器。

核桃青皮多糖分子量如图 9-2 所示。根据标准品曲线计算，核桃青皮多糖分子量为 1.07852×10^5 Da。

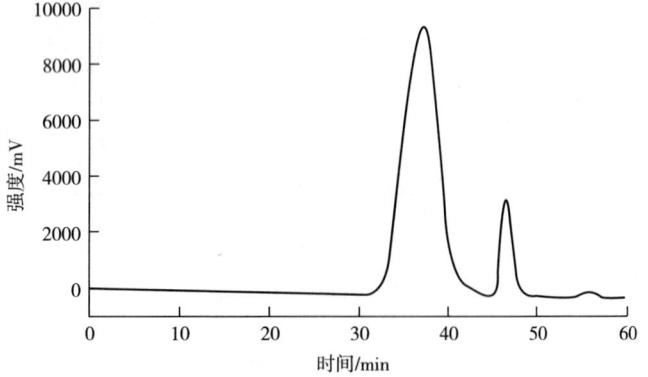

图 9-2　核桃青皮多糖分子量图

9.4　核桃青皮多糖的紫外扫描

取 1.0 mg/mL 核桃青皮多糖溶液在 200~400 nm 波长下进行紫外光谱扫描（图 9-3）。WPPs 在 260 nm、280 nm 处无明显吸收峰，说明多糖的纯化效果较好，不存在蛋白质、核酸等杂质。

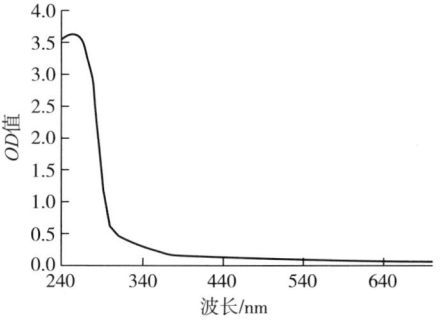

图 9-3　核桃青皮多糖的紫外吸收光谱图

9.5　核桃青皮多糖的红外光谱

红外光谱可以用于鉴定多糖中特定功能团的存在，如羟基、醛基或羧基。将干燥的核桃青皮多糖样本 4.0 mg 与干燥的溴化钾在玛瑙研钵中研磨均匀后压片，使用 Thermo Fisher Nicolet iS5 傅里叶红外光谱仪在 4000~400 cm^{-1} 范围内进行扫描分析。

如图 9-4 所示，3376.65 cm^{-1} 区域见宽且强的吸收峰，为 WPPs 分子间或者分子内 O—H 伸缩振动所致的强吸收，表明多糖中含有—OH 基团。在 1657.08 cm^{-1} 处的吸收峰为羰基的 C ═O 伸缩振动或形成的结晶水。1085.65 cm^{-1} 的吸收峰为 C—O—C 或 C—O—H 的变角振动，986.31 cm^{-1} 处为烯烃 C—H 面外弯曲振动，位于 862.73 cm^{-1} 的吸收峰说明多糖含 β-糖苷键。综合以上分析，说明采用双水相提取的核桃青皮多糖具有多糖化合物的显著特征。

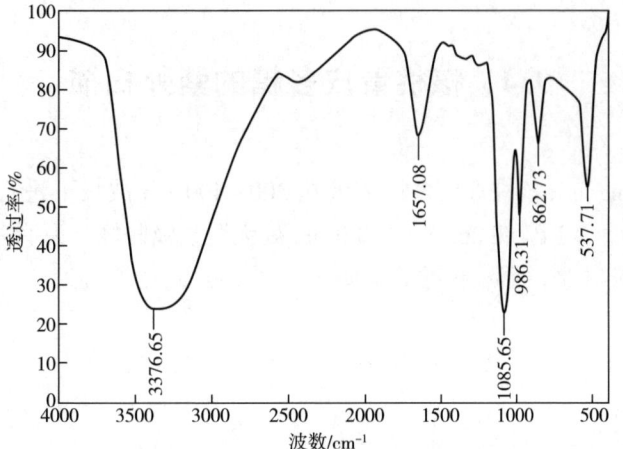

图 9-4　核桃青皮多糖的傅里叶红外图谱

9.6　核桃青皮多糖的 X-射线衍射

使用 X-射线衍射仪（XRD-Rigaku Ultima IV）测定核桃青皮多糖的结晶性能。X-射线衍射条件：铜靶，管压 40 kV，管流 40 mA，步长 0.02°，扫描速率 8°/min，广角衍射扫描角度范围 5°~85°。

核桃青皮多糖样品的 XRD 分析如图 9-5 所示，在 5°~50° 范围内没有显著的强吸收峰，几乎为无定形区，说明核桃青皮多糖结晶性能差，以无晶形结构存在。

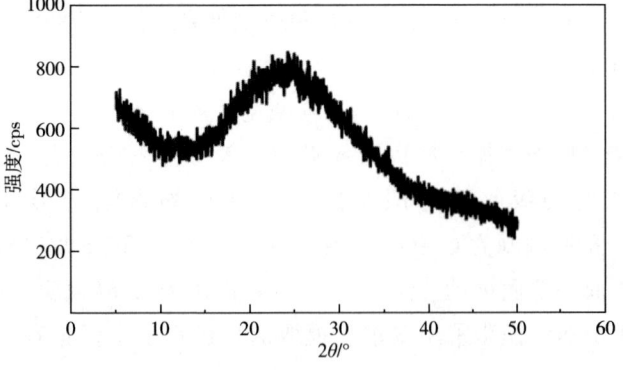

图 9-5　核桃青皮多糖样品的 XRD 分析

9.7　核桃青皮多糖的综合热分析

为了分析核桃青皮多糖的热行为，采用耐驰 STA-2500 综合热分析仪，结合 TG（热重分析）和 DSC（差示扫描量热分析）两种技术，同时测定样品的质量变化和热量变化。取约 10 mg 样品，放入样品池，在 10 ℃/min 的 N_2 气氛下，测定其在室温~800 ℃区间的质量变化。

通过对样品进行升温或降温实验，可以获取与温度相关的质量损失和热响应数据。图 9-6 为 TG 分析图，当温度从室温升高到 200 ℃时，WPPs 的质量缓慢减小，这可能与多糖内部水分子蒸发有关，多糖含有大量亲水基团，可结合一定量水分子，随温度的不断升高，水分逐渐蒸发，样品质量减小。温度升到 425 ℃时，WPPs 质量显著减小，可能是高温导致多糖分子发生了分解作用，表现在多糖分子裂解成寡糖、单糖后，又进一步分解生成二氧化碳、水蒸气等逸出。当温度从 450 ℃升高到 800 ℃时，多糖质量降低缓慢，最终残留质量为 38.42%。可能是因为：第一，多糖经高温处理后已成为碳化结构；第二，剩余的多糖热稳定性较高。图 9-6 的微商热重曲线，是将热重曲线一阶微商后获得的曲线，它可以较直观地反映 WPPs 损失率与温度变化的关系，根据 DTG 曲线可知，WPPs 损失率在 200 ℃~500 ℃范围内最大，550 ℃~800 ℃时最小，这与热重曲线（TG 曲线）分析结果基本一致。

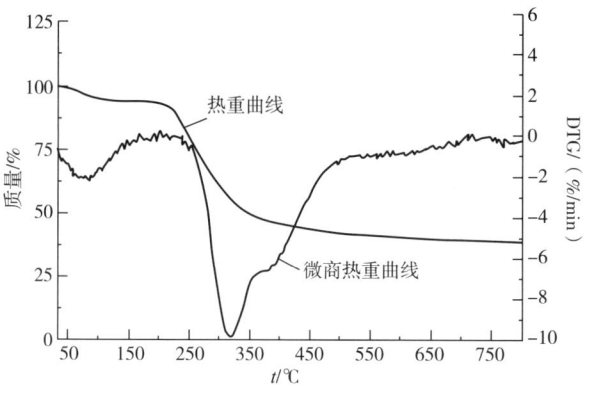

图 9-6　热重分析图

图 9-7 是 WPPs 差示扫描量热分析图（DSC），与 TG 图谱不同，它揭示

了在氮气条件下 WPPs 的分解机理。由 DSC 图可知，WPPs 有三个向上的峰，表示吸热峰；一个向下的峰，表示放热峰。第一个吸热峰表示当温度升高至 200 ℃时，多糖内部水分子蒸发所需的热量，吸热峰之后出现放热峰，可能是多糖分子氧化分解导致，后面是两个向上的吸热峰，分别在 400 ℃和 700 ℃，是 WPPs 热分解吸热的结果。

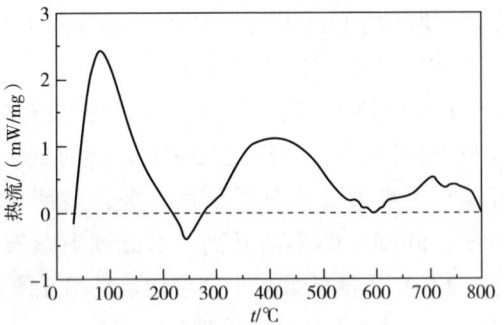

图 9-7　差示扫描量热分析图

第 10 章　核桃青皮多糖对小鼠肠炎的预防保护作用研究

炎症性肠病是一种多微生物疾病，它是宿主和微生物之间相互作用的结果，包括肠道微生物因子、异常的免疫反应以及被削弱的肠道黏膜屏障在内的多种因素共同影响了炎症性肠病（IBD）的发生和发展。越来越多研究表明，多糖可通过调节肠道菌群丰度，促进益生菌的增殖，降低 IBD 的发生。通过 DSS 诱导结肠炎，研究核桃青皮多糖对结肠炎小鼠的肠炎的改善作用。

在室温 25 ℃，湿度 50%~60%，昼夜交替 12 h 环境中饲养 4 周龄，体重 18~20 g，SPF 级 C57 BL/6 雄性小鼠 42 只。正式实验开始前，先适应性饲养 7 d。图 10-1 为正式实验示意图，将 42 只小鼠随机分成 6 组，每组 7 只。分别是正常组（BC），模型组（DSS），阳性对照组（ASA），预防组低（L_WPPs）、中（M_WPPs）、高剂量（H_WPPs）。其中预防组低、中、高剂量组连续灌胃 WPPs 7 d，从第 8 d 开始，在灌胃 WPPs 的基础上，增加 3% 的 DSS 溶液，持续饲养 8 d。BC 组不做任何处理，持续自由饮水，采食 15 d。模型组先自由饮水、采食 7 d，第 8 d 开始，加入 3% DSS 溶液，持续饲养 8 d。阳性

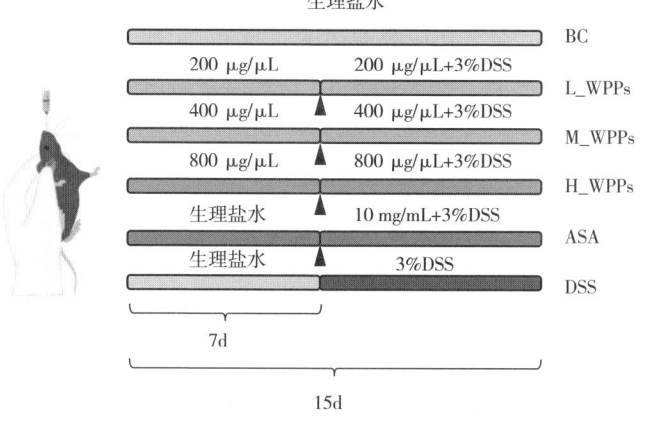

图 10-1　正式实验示意图

对照组同样先自由饮水、采食 7 d，第 8 d 开始，饮用水中加入 10 mg/mL 美沙拉嗪（ASA）和 3% DSS，持续饲养 8 d，所有组试验累计 15 d，每天记录小鼠的体重及肉眼观察到的粪便性状，并计算疾病活动指数（表 10-1）。疾病活动指数（disease activity index，DAI）评分 =（小鼠体重质量下降分数 + 粪便性状分数 + 便血情况）/3。第 16 d 小鼠处死，进行解剖，取结肠组织放入多聚甲醛溶液中固定，进行常规浸蜡和包埋，制备 4 μm 的薄片，脱蜡复水染色，待切片自然干燥，进行封片。在正置光学显微镜下观察并拍照，进行组织学病理分析。

表 10-1　结肠炎小鼠 DAI 评分

体重下降/%	大便性状	大便潜血/肉眼血便	计分
0	正常	正常	0
1~5		隐血+	1
5~10	稀便	隐血++	2
10~15		隐血+++	3
>15	水样大便	肉眼血便	4

10.1　核桃青皮多糖对 DSS 诱导肠炎小鼠体重及 DAI 评分的影响

如图 10-2 所示，在 WPPs 的干预下，与 BC 组比较，预防组小鼠的日平均增长体重均有显著增长。实验第 8 d，DSS 组开始饮用 DSS 溶液，累计实验第 11 d，部分小鼠开始出现肠炎症状，伴随出现懒动，食欲下降，体重开始减轻，随实验进展，肛门周围可见稀便或肉眼血便，说明采用 3% DSS 造模成功。

图 10-3 显示了实验 15 d 的 DAI 指数变化趋势，在实验第 11 d，由于小鼠饮用了含有 DSS 的水，除 BC 组，其他组的 DAI 指数出现快速增长的趋势，后 3 d，与模型组（DSS 组）比较，预防组（WPPs 组）有效缓解了 DAI 指数的增长速度，实验第 15 d，WPPs 低浓度和中浓度预防组与 DSS 组之间 DAI 指数存在显著差异（$P<0.05$）。

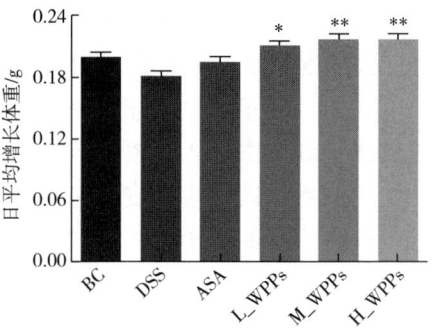

图 10-2　WPPs 干预 DSS 诱导的小鼠体重平均日增长影响

注　"∗"表示差异显著（$P<0.05$）；"∗∗"表示差异极显著（$P<0.01$）。

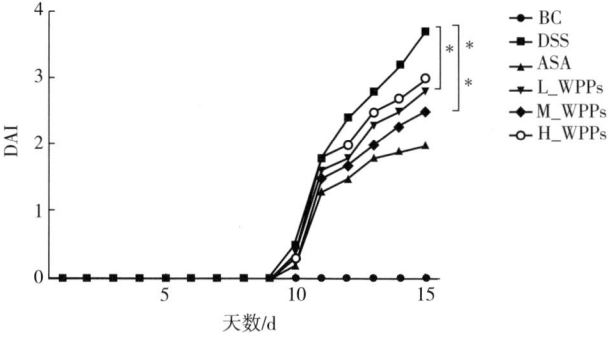

图 10-3　WPPs 干预 DSS 诱导的小鼠 DAI 指数影响

注　"∗"表示差异显著（$P<0.05$）；"∗∗"表示差异极显著（$P<0.01$）。

10.2　结肠组织病理切片

如图 10-4 所示，结肠为典型的中空性器官，由内而外，依次是黏膜层、黏膜下层、肌层、外膜。图 10-4（a）为 BC 组（空白组），结肠组织结构正常，肠腺清晰可见。图 10-4（b）为 DSS 组，结肠基本结构消失，炎细胞弥漫性浸润，说明造模成功。图 10-4（c）表示阳性对照组，用药后，结肠组织结构得到广泛恢复，少量炎细胞浸润。图 10-4（d）~（f）分别表示加入低、中、高三种浓度的核桃青皮多糖，从图上可知，在加入核桃青皮多糖后，结肠炎症得到了不同程度的恢复，但是中浓度治疗效果最好，炎细胞呈现局灶性分布，肠腺结构大部分得到恢复。低浓度除可见炎细胞局灶性分布外，肠腔内仍可见脱落的肠腺。高浓度治疗效果最差，如图10-4（f）所示，虽然结肠组织轮廓清晰可见，但黏膜下层仍有大面积的炎细胞浸润。分析其原因，可能是由于在本就受损的肠道细胞中加入高浓度核桃青皮多糖后，增加肠道吸收负担，影响其吸收，说明高浓度核桃青皮多糖反而不利于疾病恢复，治疗效果适得其反。综上，核桃青皮多糖中浓度治疗效果最优。

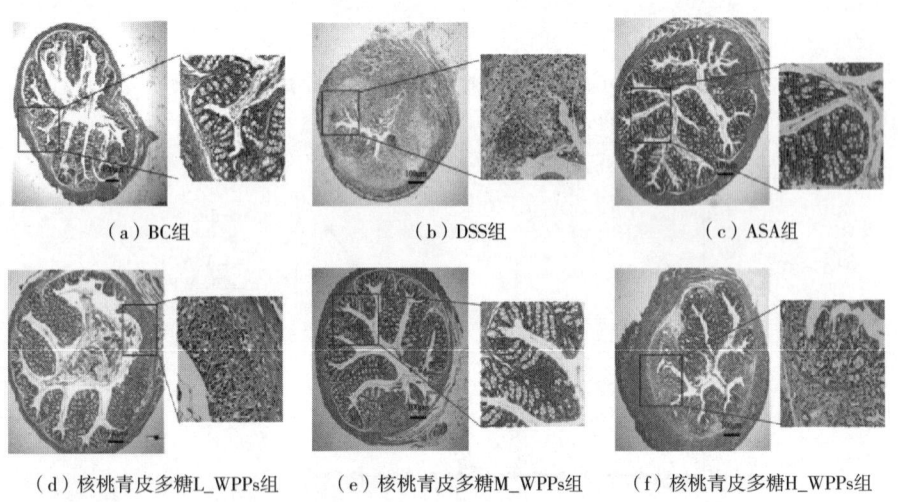

（a）BC组　　　　　　（b）DSS组　　　　　　（c）ASA组

（d）核桃青皮多糖L_WPPs组　　（e）核桃青皮多糖M_WPPs组　　（f）核桃青皮多糖H_WPPs组

图10-4　核桃青皮多糖对DSS诱导小鼠肠炎病理形态的影响（40×和100×）

10.3　核桃青皮多糖对结肠炎小鼠肠道菌群的影响

利用正向引物338F（5′-ACTCCTACGGGAGGCAGCA-3′）和反向引物806R（5′-GGACTACHVGGGTWTCTAAT-3′），对小鼠粪便中细菌16S rRNA基因V3-V4区进行PCR扩增。使用Illlumina NovaSeq平台和NovaSeq 6000 SP试剂盒进行对端2×250 bp测序。使用QIIME2 2019.4分析微生物组生物信息，DADA 2对序列进行质量过滤、去噪、合并和去除嵌合体。

10.3.1　序列的数量和长度

采用DADA 2方法去噪，被测样品生成的平均序列量为57215.54，每份样本的测序量见表10-2，序列长度范围是229~434 bp，平均长度为420.08 bp。

表 10-2　每个样品的测序量

样品 ID	匹配	过滤	去噪	拼接	去除嵌合体	去除单例类
BC_1					43498	
BC_2	71354	64128	62856	55049	41107	41033
BC_3	58677	53118	52126	45910	33930	33744
BC_4	57802	52129	50709	41846	31482	31415
DSS_1	58663	53264	52225	47063	43231	43183
DSS_2	54115	49364	48779	46450	42652	42635
DSS_3	61535	55975	54813	49525	44874	44832
DSS_4	56999	51325	50423	45564	41257	41210
H_WPPs_1	58866	53498	52107	45104	37959	37894
H_WPPs_2	61005	55122	53845	46563	41091	41052
H_WPPs_3	70061	62742	61202	49878	38605	38527
H_WPPs_4	75973	68182	66585	54127	38007	37927
M_WPPs_1	58838	53528	52141	45368	38919	38812
M_WPPs_2	67468	61096	59618	50717	39453	39285
M_WPPs_3	68917		61100	54708	46580	46512
M_WPPs_4	68626	62268	61085	55027	49570	49511
L_WPPs_1	63804	58140	57224	52767	45500	45446
L_WPPs_2	69718	63530	62756	59015	49950	49914
L_WPPs_3	68626	62334	61139	54638	46605	46533
L_WPPs_4	69960	62719	62351	60800	60059	60055
ASA_1	73704	66602	64926	54854	46687	46573
ASA_2	65536	59323	57764	49617	44376	44283
ASA_3	57141	51358	50177	43647	36952	36872
ASA_4	55585	49832	48474	40176	34948	34878

10.3.2　物种多样性相关曲线

如图 10-5 所示，当抽取序列 >10000 时，曲线趋于平坦（即斜率接近于零），表明测序数据量合理，已足够反映当前样本所包含的多样性，继续增加测序深度对发现新 OTU 的等级影响很小。

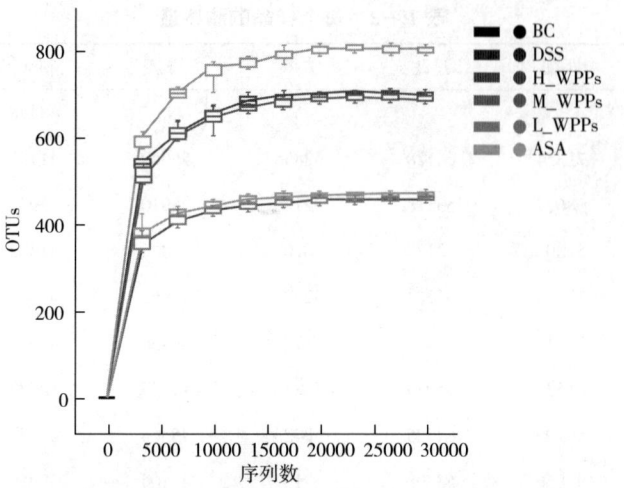

图 10-5　稀释曲线

　　丰度等级曲线（rank abundance curve），是用来说明物种的丰富程度（曲线在横坐标上的跨度）和均匀程度（曲线的平坦度）。如图 10-6 显示，每条折线代表一个分组，H_WPPs 组表现出较好的丰度和均匀度，L_WPPs 组曲线快速陡然下降，则表明均匀度最低。

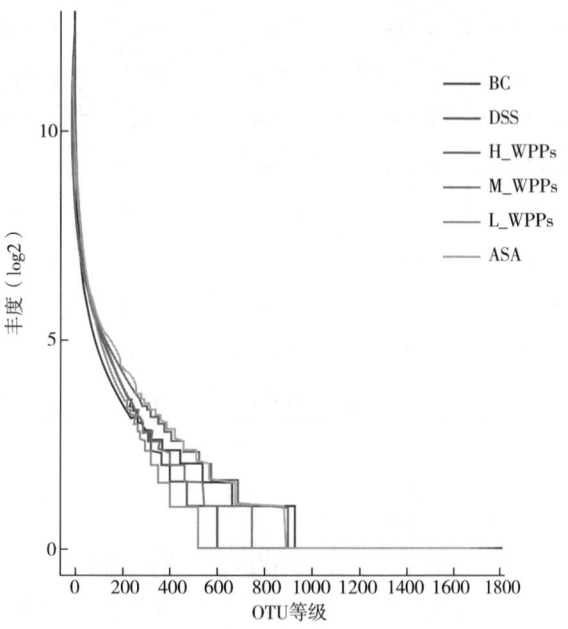

图 10-6　丰度等级曲线

10.3.3　小鼠肠道菌群生境内多样性

如图 10-7 所示，与 BC 组相比，DSS 组和 L_WPPs 组 Chao1、Faith's PD、Observed species 指数下降，说明小鼠肠道菌群丰度和遗传多样性降低；H_WPPs 组 Chao1、Faith's PD、Observed species 指数与 BC 组水平不分伯仲，说明高浓度的核桃青皮能够提高菌群丰度和遗传多样性。H_WPPs 和 M_WPPs 组与 BC 组比较，Shannon 指数、Simpson 指数、Pielou's evenness 指数均升高，表明这两种浓度的核桃青皮多糖提高了肠菌的多样性和均匀度。

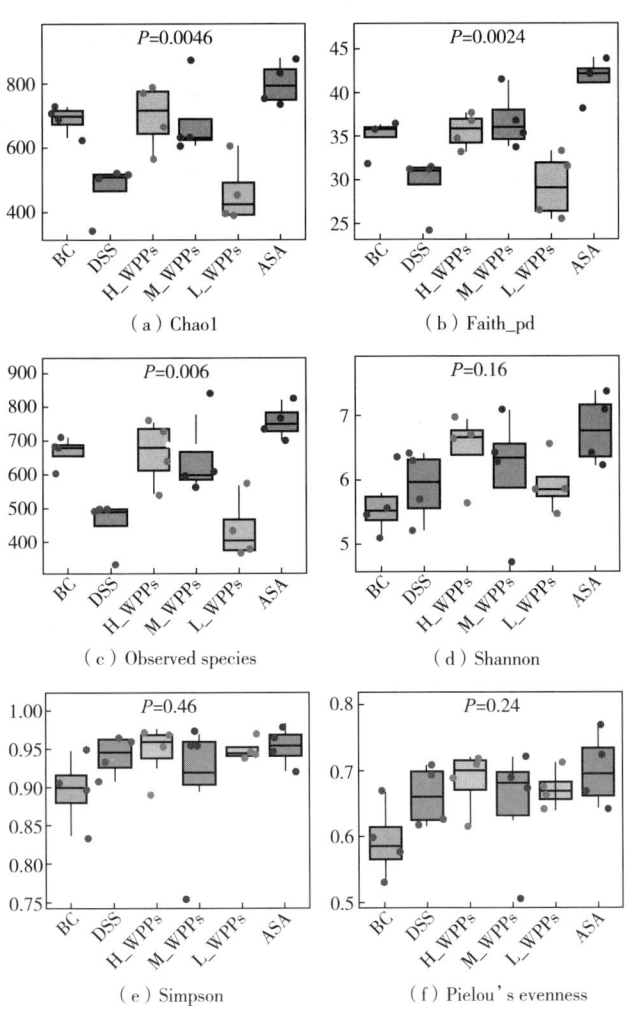

图 10-7　生境内多样性分析

10.3.4 小鼠肠道菌群生境间多样性

生境间多样性又被称为 Beta 多样性。观察 PCoA 图 ［图 10-8（a）］，第一个主坐标轴，也称 PCo1，可以解释数据 37.1%的方差，第二个主坐标轴，也称 PCo2，可以解释数据 14.6%的方差。如图所示，DSS 组与其余各组距离较远，说明 DSS 诱导小鼠产生结肠炎后，打破了菌群平衡，导致肠菌结构和多样性发生了显著变化。预防组 H_WPPs 与 BC 组距离最近，且与 ASA 组有部分重叠，说明预防组 H_WPPs 缩小组间菌群差异，改善菌群多样性。图 10-8（b）显示 NMDS 分析结果，其应力值为 0.109，表明 NMDS 分析结果可靠。该图显示了与 PCoA 分析相似的结果，同样证明了 H_WPPs 组能够减小组间菌群差异，并且向 BC 组靠拢，有助于恢复菌群平衡。图 10-8（c）是组间差异分析图，用来比较不同组别的变量是否具有显著差异。采用 Adonis 差异分析，通过置换检验得到 $P<0.05$，说明组间差异显著，实验分组方式合理。

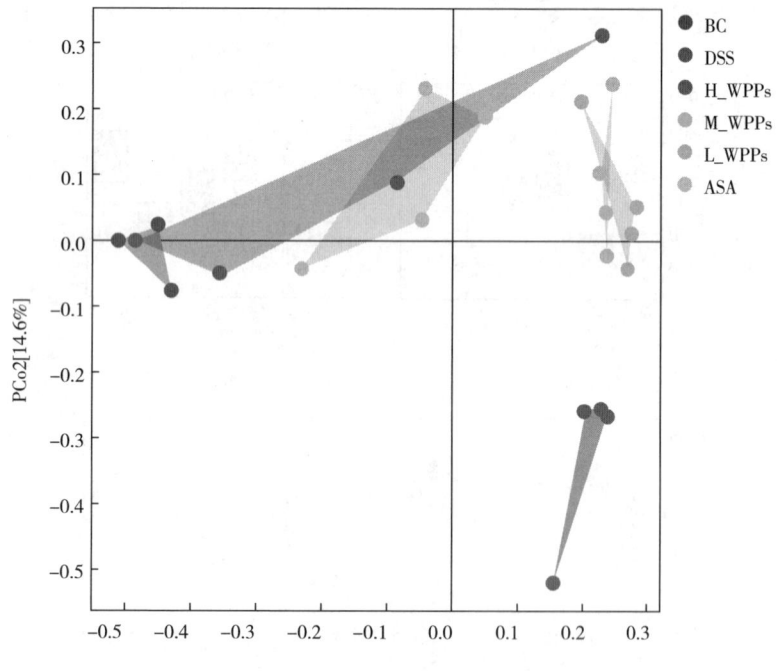

（a）主坐标分析图

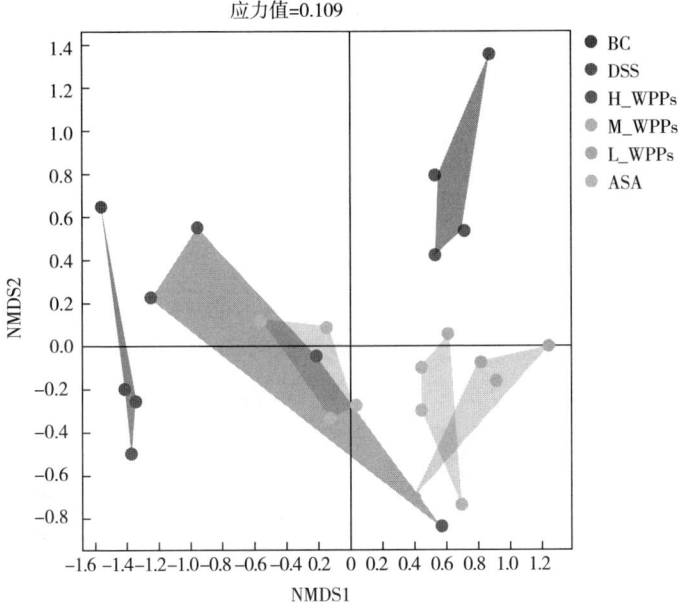

（b）非度量多维尺度分析NMDS图

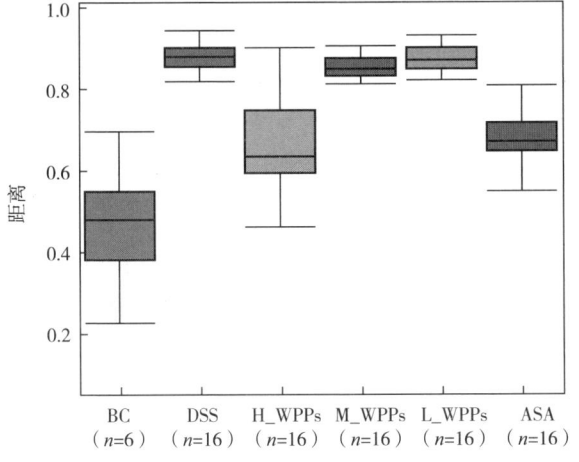

（c）组间差异分析图

图 10-8　生境间多样性分析

10.3.5　小鼠肠道菌群操作分类单元

如图 10-9 所示，BC 组、DSS 组、H_WPPs 组、M_WPPs 组、L_WPPs 组、ASA 组的 OUT 分别是 1141、467、820、842、376、777 个，共有的 OUT 为 125 个。

BC 组物种数高于其他五组，造模组（DSS 组）物种数降低明显，说明 DSS 诱导的肠炎可以降低菌群的丰度。预防组加入了核桃青皮多糖，H_WPPs 组、M_WPPs 组物种丰度与 DSS 组相比，升高明显，并且 M_WPPs 组效果略优于 H_WPPs 组。L_WPPs 组是所有组别中物种丰度最低的，说明低剂量核桃青皮多糖降低了小鼠肠道中 OTU 数目，M_WPPs 在提升物种丰度方面表现最优。

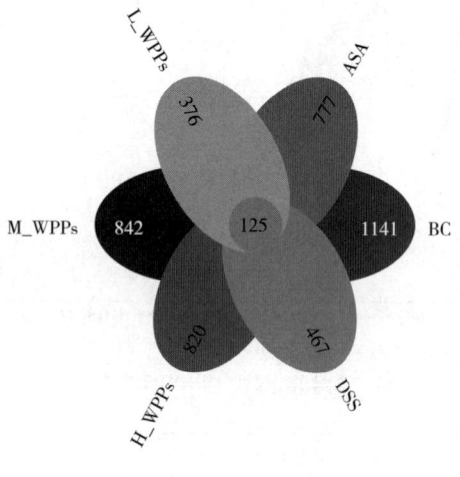

图 10-9　特征花瓣图

10.3.6　小鼠肠道菌群组成

（1）基于门水平的菌落结构

如图 10-10 所示，排名前 10 的菌门依次是厚壁菌门（Firmicutes）、变形菌门（Proteobacteria）、拟杆菌门（Bacteroidetes）、疣微菌门（Verrucomicrobia）、放线菌门（Actinobacteria）、TM7 门、软壁菌门（Tenericutes）、脱铁杆菌门（Deferribacteres）、蓝细菌门（Cyanobacteria）、绿弯菌门（Chloroflexi）。前 6 种菌门是 6 个分组共有的，占总菌群数的 95% 以上，但是菌群比例相差较大；后 4 种菌门占比较小，属于小众菌门，在肠道平衡中同样扮演着重要角色。例如，最初在自然环境中发现的 TM7，Kuehbacher 等研究发现，在 IBD 炎症黏膜过程的早期阶段，TM7 细菌可作为一种促炎因子。一般来说，在健康人肠道菌群中以厚壁菌门和拟杆菌门为主，而变形菌门则相对较少。多项研究证明，在 IBD 患者和健康个体之间肠道微生物群组成存在差异，对 IBD 患者肠道微生物群组成改变的最一致的观察结果是厚壁菌门减少，变形菌门增加。由图可知，与 BC 组相比，DSS 组变形菌门丰度明显升高（DSS 组是

BC 组的 11.3 倍），放线菌门略微升高，厚壁菌门丰度降低（BC 组是 DSS 组的 1.79 倍）。经过 15 d 多糖干预，明显改变了肠道菌群在门水平上的组成，尤其是 H_WPPs 组，与 DSS 组比较，厚壁菌门比例升高（H_WPPs 组是 DSS 组的 1.48 倍），变形菌门下调明显（DSS 组是 H_WPPs 组的 5.67 倍），放线菌门轻微降低。说明 H_WPPs 组可以改善肠道菌群组成，抑制有害菌的增殖。基于门水平分析，在预防 IBD 疾病上，H_WPPs 组效果最好。

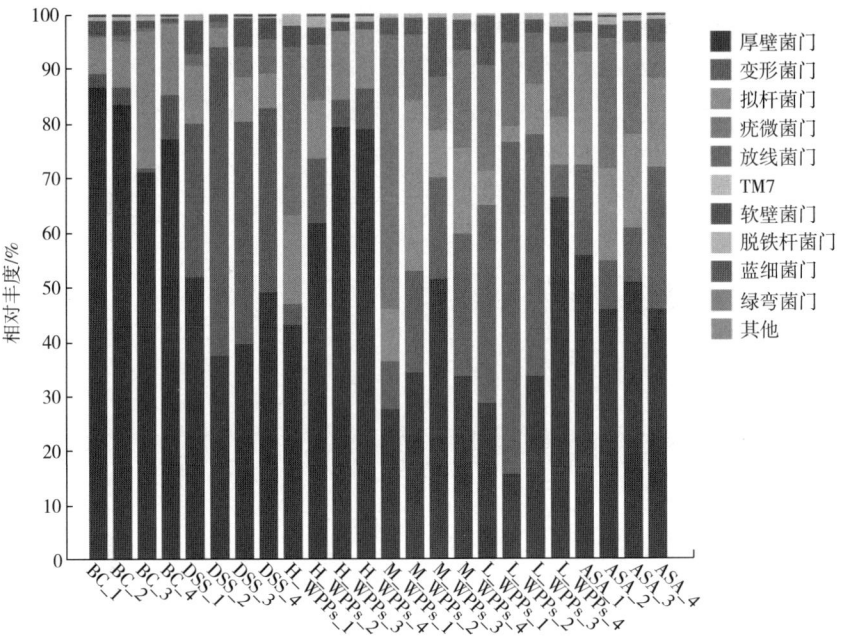

图 10-10　门水平分析

（2）基于科水平的菌落结构

由图 10-11 可知，乳杆菌科（Lactobacillaceae）、肠杆菌科（Enterobacteraceae）、疣微菌科（Verrucomicrobiaceae）、拟杆菌门（Bacteroidetes）中的 S24-7、毛螺球菌科（Lachnospiraceae）、瘤胃球菌科（Ruminococcaceae）、放线菌门中的红蝽菌科（Coriobacteriaceae）、脱硫弧菌科（Desulfovibrionaceae）、丹毒丝菌科（Erysipelotrichaceae）、链球菌科（Streptococcaceae）是小鼠肠道菌群中排在前十的菌科。乳杆菌科（Lactobacillaceae）作为典型益生菌，发酵后生成乙酸、乳酸等物质，它们对人体的健康产生有益的影响。DSS 组对比 BC 组，乳杆菌科显著降低（BC 组是 DSS 组的 3.83 倍），说明 DSS 诱导的结肠炎抑制了有益菌的增殖，打破了肠菌平衡。预防组 H_WPPs 组、M_WPPs 组、L_WPPs 组（平均丰度占比分别是 19.20%、17.39%、17.20%）与 DSS 组（10.26%）相比，提高了乳杆菌科的丰度，改善了肠道菌群结构。研究发现，IBD 患者肠杆菌科丰度增加，本实验显示了同样的结果，DSS 组肠杆菌科占比增加，预防组（H_WPPs 组、M_WPPs 组）拮抗了这种趋势，L_WPPs 组效果较差（DSS 组、H_WPPs 组、M_WPPs 组、L_WPPs 组比例分别是 34.04%、4.9%、13.7%、34.60%。）。作为一种潜在的有益菌——毛螺球菌科（Lachnospiraceae）是多糖降解的主要参与者，并且毛螺球菌科丰度是衡量肠道是否健康的重要指标，可以通过降解复杂多糖产生丁酸。与 BC 组相比，DSS 组毛螺球菌科（Lachnospiraceae）明显减少（BC 组和 DSS 组比例分别是 19.16%、3.89%），H_WPPs 组（17.55%）与 DSS 组比较，其丰度显著提升。

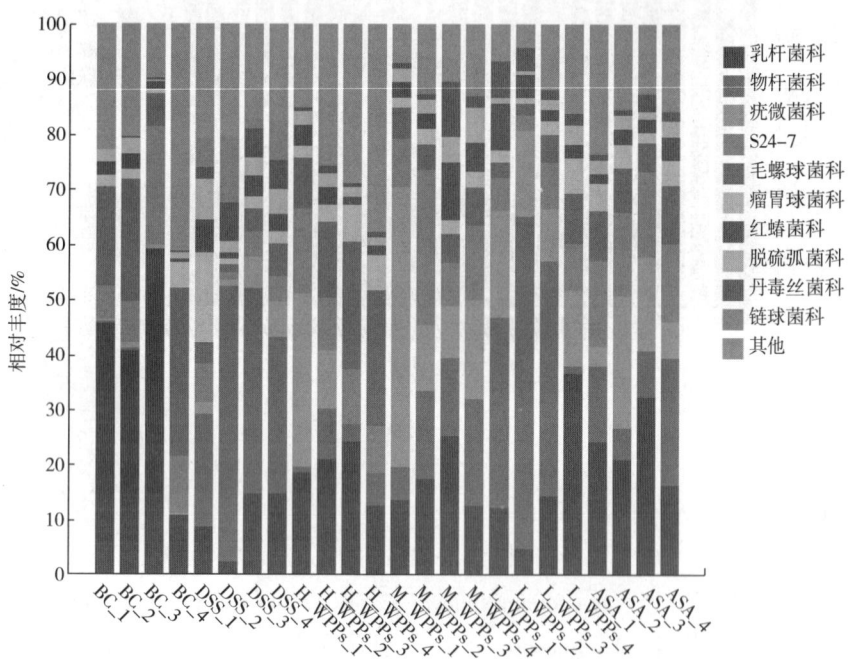

图 10-11　科水平分析

（3）基于属水平的菌落结构

在微生物组成的分析中，我们更侧重于探索属水平上排名前 10 的细菌。本研究采用层次聚类分析，在研究属水平微生物组成结构的同时进行了相似性分析。如图 10-12 所示，左侧是以分类树的形式展示样本间的相似度，右侧是属水平微生物组成堆叠直方图。排名前十的菌属依次是乳杆菌属（*Lacto-bacillus*）、阿克曼菌属（*Akkermansia*）、克雷伯氏菌属（*klebsiella*）、异杆菌属（*Allobaculum*）、脱硫弧菌属（*Desulfovibrio*）、阿德勒克氏菌属（*Adlercreutzia*）、埃希氏菌属（*Escherichia*）、链球菌属（*Streptococcus*）、粪球菌属（*Coprococcus*）、肠杆菌属（*Enterobacter*）。采用 UPGMA 聚类方式进行聚类分析，图中可明显将小鼠分为两类：正常组（BC 组）和炎症组（DSS 组），因为正常组（BC_1~BC_4）与其他组完全不在同一聚类分枝上，DSS 组也如此。说明正常组和炎症组组间差异性大，本次试验造模成功，可与 PCoA、NMDS 分析相互印证。根据右侧直方图分析，造成差异的主要原因是 DSS 组有益菌乳杆菌属（*Lactobacillus*）明显减少。此外，高浓度预防组（H_WPPs 组）与阳性对照组（ASA 组）表现出相似性，表现在乳杆菌属（*Lactobacillus*）和阿克曼菌属（*Akkermansia*）有相同的增长趋势。这综上，层次聚类分析展示样本群落结构与 PCoA、NMDS 分析结果相符，表明预防组核桃青皮多糖通过增加有益菌丰度，有效改善由 DSS 引起的肠菌失衡。

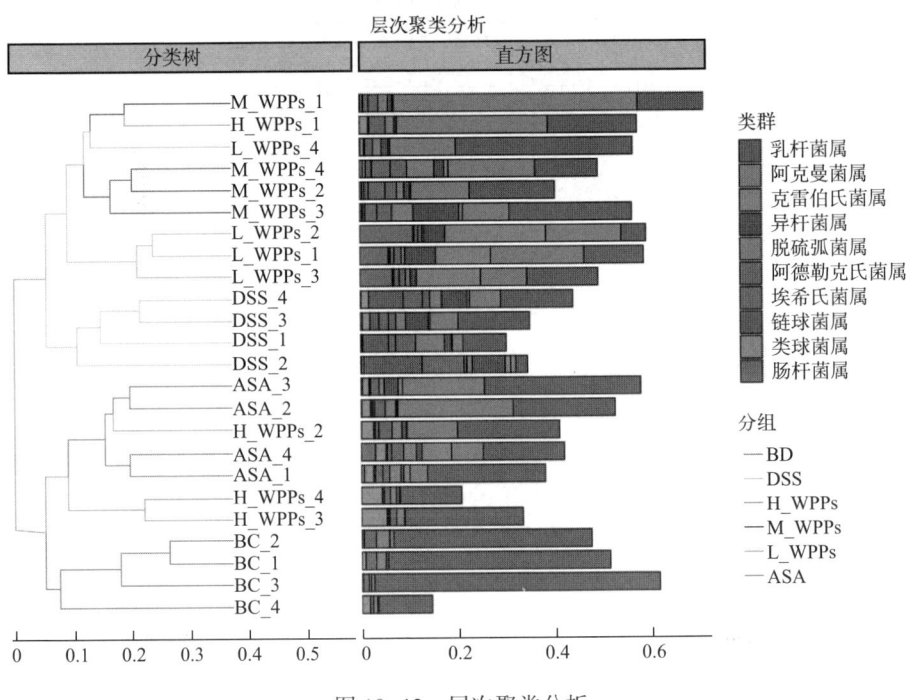

图 10-12　层次聚类分析

10.3.7 物种差异性

为了进一步探索样本之间的差异，本研究进行了 LEfSe（LDA Effect Size）分析。LDA 值分布柱状图和分类学分支图显示了各组具有统计学差异的物种（图 10-13）。LDA 结果展示 BC 组有 3 个特征物种，属水平微生物为里肯氏菌属（*Rikenella*）、属于紫单胞菌科的 *Odoribacter* 杆菌属；DSS 组属水平特征物种最多，分别是链球菌属（*Streptococccus*）、异杆菌属（*Allobaculum*）、埃希氏菌属（*Escherichia*）、肠球菌属（*Enterococcus*）、另枝菌属（*Alistipes*）、梭菌属（*Clostridium*）、土栖杆菌属（*Turicibacter*）、萨特氏菌（*Sutterella*）。梭菌属（*Clostridium*）是 H_WPPs 组唯一的特征生物标志物。L_WPPs 组在属水平上有 1 个特征微生物——志贺氏菌属（*Shigella*）。然而，M_WPPs 组没有差异物种。

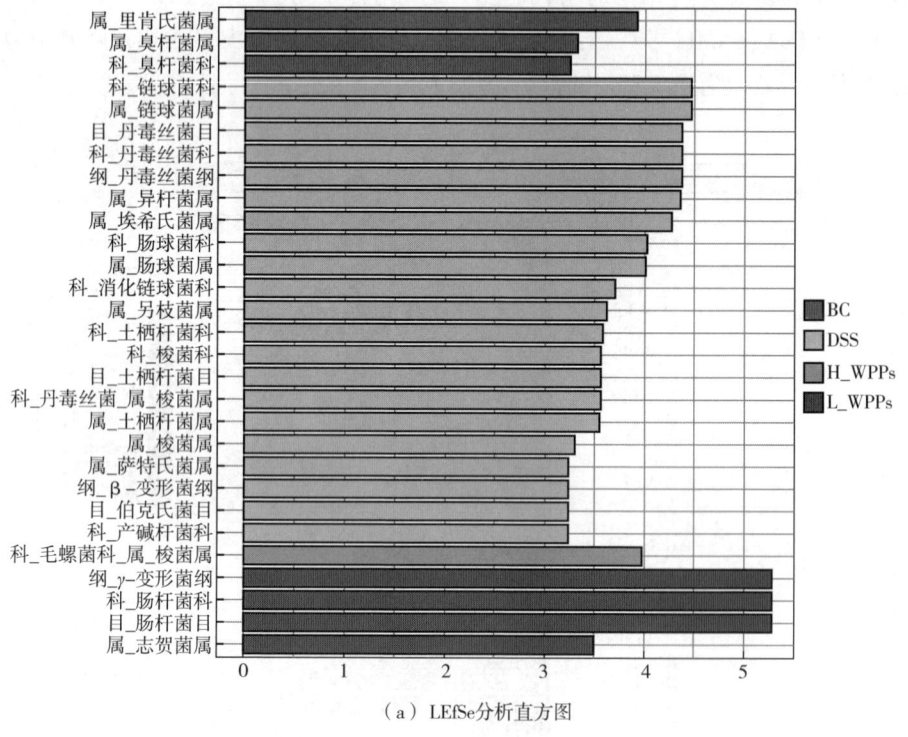

（a）LEfSe分析直方图

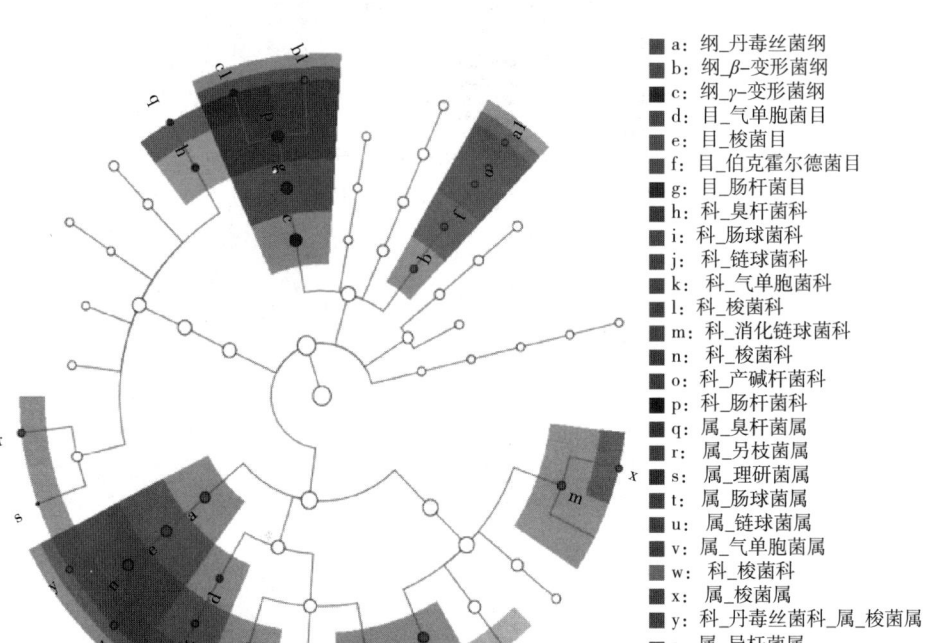

■ BC　■ DSS　■ H_WPPs　■ L_WPPs

■ a: 纲_丹毒丝菌纲
■ b: 纲_β-变形菌纲
■ c: 纲_γ-变形菌纲
■ d: 目_气单胞菌目
■ e: 目_梭菌目
■ f: 目_伯克霍尔德菌目
■ g: 目_肠杆菌目
■ h: 科_臭杆菌科
■ i: 科_肠球菌科
■ j: 科_链球菌科
■ k: 科_气单胞菌科
■ l: 科_梭菌科
■ m: 科_消化链球菌科
■ n: 科_梭菌科
■ o: 科_产碱杆菌科
■ p: 科_肠杆菌科
■ q: 属_臭杆菌属
■ r: 属_另枝菌属
■ s: 属_理研菌属
■ t: 属_肠球菌属
■ u: 属_链球菌属
■ v: 属_气单胞菌属
■ w: 科_梭菌科
■ x: 属_梭菌属
■ y: 科_丹毒丝菌科_属_梭菌属
■ z: 属_异杆菌属
■ a1: 属_沙门氏菌属
■ b1: 属_志贺氏菌属
■ c1: 属_志贺氏菌属

（b）LEfSe分析分支图

图 10-13　物种差异分析图

10.3.8　微生物功能预测

　　为了研究小鼠肠道菌群的功能差异，使用 PICRUST 2 进行了肠道菌群功能分析，使用 MetaCyc 数据库作为参考。功能丰度统计表明，更多的微生物功能与生物合成有关（图 10-14）。生物合成过程的丰度显著高于其他代谢途径的丰度。肠道中的主要生物学途径包括氨基酸生物合成，核苷和核苷酸生物合成，辅因子生物合成，辅基、电子载体和维生素的生物合成，脂肪酸和脂质生物合成的生物过程。

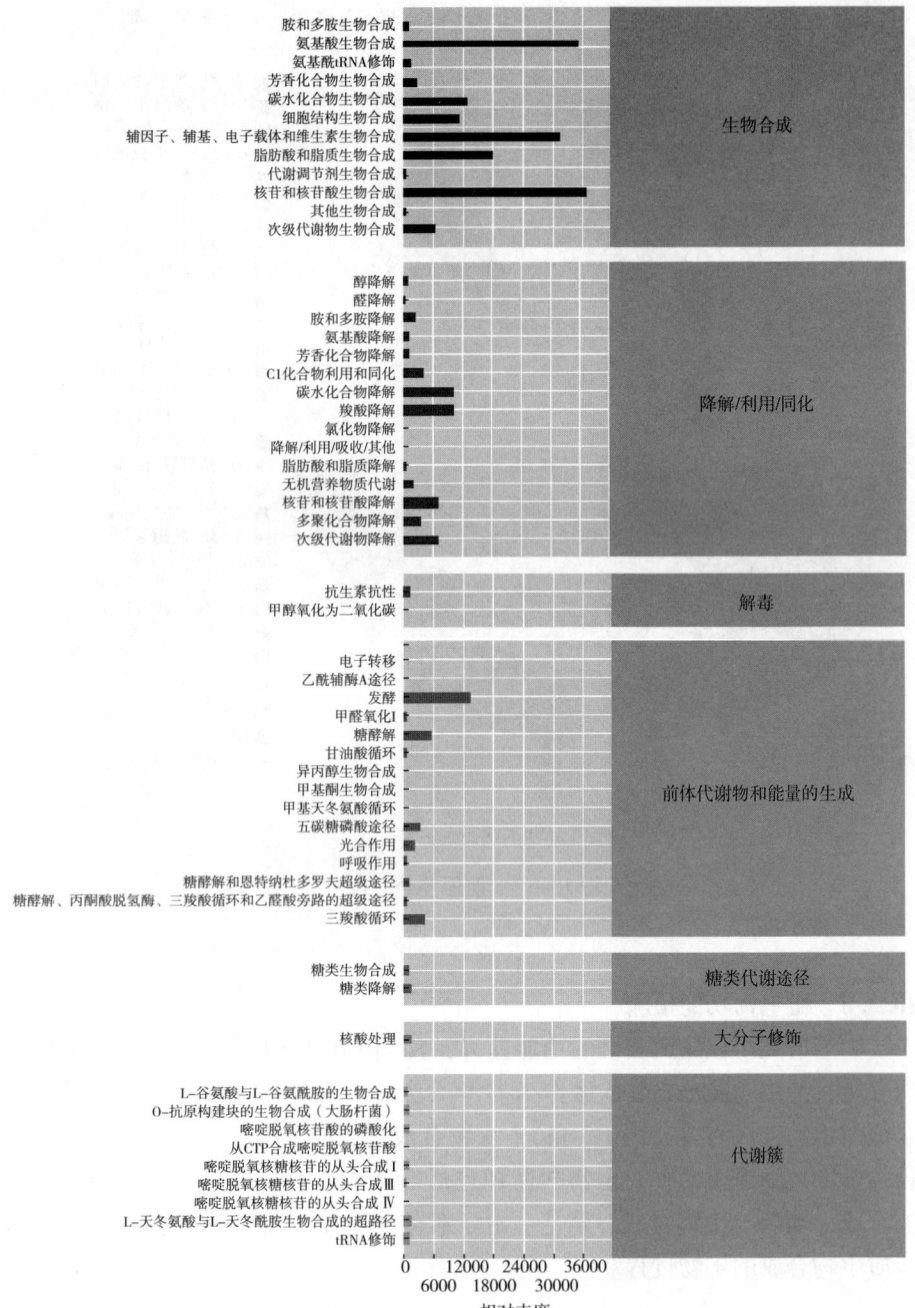

图 10-14　功能预测分析图

第11章 总结与展望

本篇以核桃青皮多糖作为研究对象，采用双水相提取技术提取青皮多糖，得出最优提取工艺，并对其进行纯化及结构表征。立足中医"治未病"这一要义，展开体内实验，探究核桃青皮多糖对肠炎是否具有预防保护作用，为开发新药用以防治肠道炎症提供数据支撑。全篇总结如下：

1）采用乙醇/K_2HPO_4双水相体系提取并优化 WPPs 的最佳工艺条件，当 K_2HPO_4 质量分数、提取温度与时间分别为 16%、28 ℃ 和 34 min 时，WPPs 得率为 111 mg/g，该提取工艺条件合理可行，可为多糖提取工业化提供良好的指导。

2）WPPs 在 3376.65 cm^{-1}、1657.08 cm^{-1}、1085.65 cm^{-1}、986.31 cm^{-1}、862.73 cm^{-1} 均存在强且宽的吸收峰，符合多糖的结构特征。核桃青皮多糖以无晶型结构存在，其结构稳定，当温度升高到 200 ℃，才会出现质量损失。核桃青皮多糖分子量为 $1.07852×10^5$ Da。单糖组成及摩尔比为岩藻糖：鼠李糖：阿拉伯糖：半乳糖：半乳糖醛酸 = 0.014：0.065：0.074：0.085：0.762。

3）核桃青皮多糖提前灌胃处理，结肠炎小鼠平均日增重显著增加（$P < 0.05$），并且低、中浓度组有效减缓了 DAI 指数的增长速度（$P < 0.05$）。通过 HE 染色显示，DSS 组结肠结构基本消失，炎细胞弥漫性浸润。在核桃青皮多糖提前干预下，结肠炎症得到了不同程度的改善，其中，中浓度（400 μg/μL）治疗效果最好。通过对结肠炎小鼠粪便 16S rRNA 基因扩增子测序分析发现，丰度等级曲线显示出，高浓度预防组（H_WPPs 组）菌群表现出较好的丰度和均匀度；H_WPPs 和 M_WPPs 组与 BC 组比较，Shannon 指数、Simpson 指数、Pielou's evenness 指数均升高，表明这两种浓度的核桃青皮多糖提高了肠菌的多样性和均匀度。生境间多样性分析表明，预防组 H_WPPs 缩小组间菌群差异，改善菌群多样性。肠道菌群操作分类单元分析显示，BC 组、DSS 组、H_WPPs 组、M_WPPs 组、L_WPPs 组、ASA 组独有的 OUT 分别是 1141、467、820、842、376、777 个，共有的 OUT 为 125 个。门水平的菌落结构分析显示，H_WPPs 组与 DSS 组比较，厚壁菌门比例明显升高，变形菌门组成显著下调，放线菌门轻微降低。科水平的菌落结构分析显示，预防组 3 种浓度都提高了乳杆菌科的丰度，预防组 H_WPPs 组和 M_WPPs 组拮抗了肠杆菌

科增长的趋势；H_WPPs 组显著提升了毛螺球菌科丰度。属水平的菌落结构分析表明，高浓度预防组（H_WPPs 组）与阳性对照组（ASA 组）表现出更统一的相似性。物种差异分析显示，BC 组有 3 个特征物种，DSS 组属水平有 8 个特征物种。梭菌属（*Clostridium*）是 H_WPPs 组唯一的特征生物标志物。L_WPPs 组在属水平上有 1 种特征微生物——志贺氏菌属（*Shigella*）。然而，M_WPPs 组没有差异物种。微生物功能预测显示，更多的微生物功能与生物合成有关，其丰度显著高于其他代谢途径。

本研究从变废为宝的理念出发，首次采用双水相法提取核桃青皮多糖，并优化提取方案，并采用动物实验探究核桃青皮多糖对肠炎的预防保护作用。但双水相体系纯化后核桃青皮多糖未利用 DEAE-52 纤维素层析柱以及 Sephadex G-100 凝胶进一步纯化，核桃青皮均一多糖组分分析、多糖的高级结构、活性及其构效关系等方面还有待今后深入研究；肠道炎症病因及发病机制复杂，关于核桃青皮多糖对肠道炎症的预防保护作用机制研究较浅，相关炎症转导通路及肠道保护屏障等分子机制有待进一步探究。

本研究从变废为宝的理念出发，首次采用双水相法提取核桃青皮多糖，并优化提取方案，同时结合动物实验探究核桃青皮多糖对肠炎的预防保护作用。针对核桃青皮多糖的研究，未来可从以下方面进行深入研究。

1）提取工艺的深度优化，开发绿色提取工艺，探索离子液体/低共熔溶剂等新型双水相体系，降低盐析剂的用量，减少后续纯化负担。

2）运用 DEAE-52 纤维素层析柱以及 Sephadex G-100 凝胶层析柱对目前双水相体系所得多糖进一步纯化，获得核桃青皮均一多糖，并通过甲基化分析及核磁技术明确多糖的高级结构、活性及其构效关系等。

3）肠道炎症病因及发病机制复杂，关于核桃青皮多糖对肠道炎症的预防保护作用机制研究较浅，相关炎症转导通路及肠道保护屏障等分子机制有待进一步探究。

4）利用网络药理学及分子对接技术，构建"多糖—菌群—免疫轴"交互网络，从理论上验证多糖的免疫调节作用。

参考文献

［1］王红萍，尹江艳．核桃青皮的有效成分及综合利用［J］．安徽农业科学，2013，41（24）：10129-10131.

［2］张少秋．核桃青皮提取物活性成分鉴定及其对产蛋后期蛋鸡机体抗氧化性能、肠道形态结构及肠道菌群的影响［D］．乌鲁木齐：新疆农业大学，2021.

［3］仲军梅，刘玉梅．核桃青皮的开发利用研究进展［J］．食品工业科技，2014，35（19）：396-400.

［4］王晓玲．胡桃醌类物对苦荞麦生长及保护酶活性的影响［D］．太原：山西大学，2012.

［5］刘迪，宋晓宇，李婧，等．响应面法优化核桃青皮萘醌类成分提取工艺及其抗氧化性研究［J］．粮食与油脂，2019，32（1）：89-92.

［6］张琳，樊东升，刘光耀．核桃青皮化学成分及其缓蚀作用研究进展［J］．化工设计通讯，2021，47（2）：75-77.

［7］汪涛，梁亮，李旭锐，等．低共熔溶剂提取核桃青皮多酚工艺优化及其抑菌活性［J］．农业工程学报，2021，37（5）：317-323.

［8］王全杰，李超，王纯，等．核桃青皮中单宁的类型及含量测定［J］．皮革与化工，2011，28（3）：25-27.

［9］曾桥．核桃青皮活性成分及抗肿瘤作用研究新进展［J］．农产品加工，2018，（9）：63-66，72.

［10］曹丽娟，张旭，陈朝银，等．核桃青皮的化学成分及药理作用研究进展［J］．湖北农业科学，2016，55（18）：4629-4633，4663.

［11］周媛媛，王栋．青龙衣中二芳基庚烷类成分研究［J］．中国实验方剂学杂志，2011，17（22）：92-93.

［12］张雪春，田智宇，王振兴，等．核桃青皮多糖微波辅助提取工艺及抗氧化活性研究［J］．食品与机械，2016，32（7）：146-151.

［13］王红霞，文菁，谢小玉，等．不同品种、不同时期核桃青皮多糖含量的比较［J］．河北林果研究，2016，31（3）：245-247.

［14］李秀凤．核桃青皮的成分与药理研究进展［J］．食品科技，2007，（4）：241-242.

［15］杜旭，宋永熙，彭建华，等．中药青龙衣镇痛机制的研究——青龙衣无机盐与三种钾盐的镇痛作用［J］．哈尔滨医科大学学报，1997，（1）：33-35.

［16］潘富赞，张培正．核桃青皮的综合应用及开发前景［J］．中国食物与营养，2010，（12）：21-24.

［17］张静．核桃青皮棕褐色色素的提取及应用研究［D］．天津：天津科技大学，2015.

[18] ZHENG Y, LI S, LI C, et al. Aqueous two-phase extraction, antioxidant and renal protective effects of polysaccharides from spores of cordyceps cicadae [J]. Processes, 2022, 10 (2): 348.

[19] 肖连冬, 王莹, 李慧星. 乙醇/磷酸氢二钾双水相体系提取洋葱黄酮工艺条件研究 [J]. 食品研究与开发, 2020, 41 (8): 160-165.

[20] CHEONG K L, XIA L X, LIU Y. Isolation and characterization of polysaccharides from oysters (Crassostrea gigas) with anti-tumor activities using an aqueous two-phase system [J]. Marine Drugs, 2017, 15 (11): 338.

[21] 郭杰, 陶蕾, 王吉鸿, 等. 响应面试验优化超声波辅助双水相提取蕨麻多糖 [J]. 食品与发酵工业, 2021, 47 (14): 151-159.

[22] 巫永华, 陆文静, 刘梦虎, 等. 响应面优化超声波辅助双水相提取牛蒡多糖及抗氧化分析 [J]. 食品与发酵工业, 2020, 46 (5): 215-223.

[23] 邹胜, 徐溢, 张庆. 天然植物多糖分离纯化技术研究现状和进展 [J]. 天然产物研究与开发, 2015, 27 (8): 1501-1509.

[24] 李金婷, 钱心燚, 雍一丹, 等. 蝉花多糖酶法辅助双水相提取工艺优化及其抗氧化、降血糖和降血脂活性分析 [J]. 食品工业科技, 2023, 12 (4): 1002-0306.

[25] 段鸿斌, 吴晓辉, 孙伟, 等. 花椒叶多糖双水相提取及对亚硝酸盐清除活性 [J]. 粮食与油脂, 2023, 36 (9): 70-74.

[26] 张亦琳, 张琴, 王吾, 等. EtOH/K_2HPO_4 双水相体系萃取分离绞股蓝中的总黄酮 [J]. 陕西农业科学, 2020, 66 (2): 10-12.

[27] 朱杰帆, 陈忠航, 俞杰, 等. 超声波辅助双水相提取花生壳总黄酮及其抗氧化活性 [J]. 中国粮油学报, 2023, 38 (7): 175-183.

[28] 李化, 柯华香, 李发洁, 等. Box-Behnken 响应面法优选五味子多糖双水相提取工艺 [J]. 中药材, 2016, 39 (3): 593-597.

[29] 王虹娟, 周晨雨, 冯茜, 等. 乙醇/磷酸氢二钾 (K_2HPO_4) 双水相提取核桃青皮多糖工艺及其抗氧化活性的研究 [J]. 饲料工业, 2024, 45 (7): 106-114.

[30] 胡金梅, 许斯琪, 黄茜, 等. 乙醇/磷酸氢二钾双水相同步萃取脐橙果皮中黄酮和果胶 [J]. 食品安全质量检测学报, 2021, 12 (22): 8883-8890.

[31] TAN J, CUI P, GE S, et al. Ultrasound assisted aqueous two-phase extraction of polysaccharides from Cornus officinalis fruit: Modeling, optimization, purification, and characterization [J]. Ultrasonics Sonochemistry, 2022, 84: 105966.

[32] JAKOBSSON H E, ABRAHAMSSON T R, JENMALM M C, et al. Decreased gut microbiota diversity, delayed Bacteroidetes colonisation and reduced Th1 responses in infants delivered by caesarean section [J]. Gut, 2014: 63 (4): 559-566.

[33] ZAVASTIN D E, BILIUTă G, DODI G, et al. Metal content and crude polysaccharide characterization of selected mushrooms growing in Romania [J]. Journal of Food Composi-

tion and Analysis，2018，67：149-158.

［34］ 王艺. 黄精、滇黄精多糖的结构表征与降血糖活性分析［D］. 西安：陕西师范大学，2019.

［35］ WEN J，TENG B，YANG P，et al. The potential mechanism of Bawei Xileisan in the treatment of dextran sulfate sodium-induced ulcerative colitis in mice［J］. Journal of ethnopharmacology，2016，188：31-38.

［36］ 景亚萍. 党参多糖调节结肠炎小鼠肠道菌群影响皂苷代谢的机制［D］. 兰州：兰州大学，2018.

［37］ KUEHBACHER T，REHMAN A，LEPAGE P，et al. Intestinal TM7 bacterial phylogenies in active inflammatory bowel disease［J］. Journal of medical microbiology，2008，57（12）：1569-1576.

［38］ BACKHED F，LEY R E，SONNENBURG J L，et al. Host-bacterial mutualism in the human intestine［J］. Science，2005，307（5717）：1915-1920.

［39］ MATSUOKA K，KANAI T. The gut microbiota and inflammatory bowel disease［C］/Berlin. Springer，2015，37：47-55.

［40］ LU Y，PUTRA S D，LIU S Q. A novel non-dairy beverage from durian pulp fermented with selected probiotics and yeast［J］. International journal of food microbiology，2018，265：1-8.

［41］ MYLONAKI M，RAYMENT N B，RAMPTON D S，et al. Molecular characterization of rectal mucosa-associated bacterial flora in inflammatory bowel disease［J］. Inflammatory bowel diseases，2005，11（5）：481-487.

［42］ 崔莉. 黄芩多糖结构与防治溃疡性结肠炎机制研究［D］. 南京：南京中医药大学，2020.

［43］ MEEHAN C J，BEIKO R G. A phylogenomic view of ecological specialization in the Lachnospiraceae，a family of digestive tract-associated bacteria［J］. Genome biology and evolution，2014，6（3）：703-713.

第四篇
核桃青皮总黄酮
分离纯化及其
降尿酸作用研究

核桃作为我国重要的林业作物，常在夏季末到秋季初成熟。在核桃成熟时期，大量的核桃青皮也随之产出。核桃青皮含有多种天然活性成分，黄酮类化合物属其中之一，具有药用价值。而核桃青皮常作为农业废弃物被大量丢弃，造成资源浪费与环境污染，如何使核桃青皮变废为宝将备受关注。因此，以核桃青皮为原材料，通过超声辅助乙醇法提取核桃青皮总黄酮，经过进一步纯化后，进行结构表征，并将纯化后的核桃青皮总黄酮用于体外抗氧化、抗菌以及降尿酸作用的研究，将为核桃青皮总黄酮的提取纯化工艺提供技术参考；为开发新药用以防治高尿酸血症提供理论参考；为核桃青皮的废物再利用提供新的思路。

第12章　超声辅助乙醇法提取核桃青皮总黄酮及纯化工艺研究

超声波提取技术一般通过机械效应、剪切效应以及空化效应使细胞破裂，孔隙率增加，溶剂和材料之间接触面积增加，使目标物质快速溶出，从而提高提取率。该方法具有提取效率高、节约时间、溶剂用量少和重复性好等优点，现已被广泛应用于多个领域。本章主要介绍超声波辅助乙醇提取核桃青皮总黄酮的提取工艺，并介绍一种操作难度低、可重复利用、高效环保的总黄酮纯化手段。

12.1　核桃青皮总黄酮提取方法筛选

分别称取过筛（100目）后的干燥核桃青皮粉末10.0 g，固定料液比为1∶10（g∶mL），依次利用乙醇冷浸提取法（体积分数45%乙醇，20 ℃，65 min）、水冷浸提取法（蒸馏水，20 ℃，65 min）、乙醇热回流提取法（体积分数45%乙醇，80 ℃，65 min）、水热回流提取法（蒸馏水，80 ℃，65 min）、超声辅助乙醇提取法（体积分数45%乙醇，80 ℃，65 min，120 W）、超声辅助水提取法（蒸馏水，80 ℃，65 min，120 W）6种方法进行提取。使用6层棉纱过滤，在5000 r/min下离心10 min，测定上清液吸光度值，并根据式（12-1）计算总黄酮提取率（Y）。

$$Y = \frac{C \times N \times V}{M} \times 100\% \qquad (12-1)$$

式中：C——所测定核桃青皮提取液总黄酮的浓度，mg/mL；

$\quad\quad$ N——稀释倍数；V 为提取液体积，mL；

$\quad\quad$ M——称取的粉末质量，g。

不同的提取方法对核桃青皮总黄酮的提取效果不同，表现为：超声辅助提取法>热回流提取法>冷浸提取法，醇提法>水提法（图12-1）。其中，提取效果最佳的方法是超声辅助乙醇提取法，且与其他5种方法差异极显著（$P<$

0.01）。可能是由于超声波通过机械效应、剪切效应以及空化效应使细胞破裂，孔隙率增加，溶剂和材料之间接触表面积增加，提取率升高；此外，黄酮类化合物因其性质更易溶于有机溶剂中。因此，在后续实验中选择超声辅助乙醇提取法。

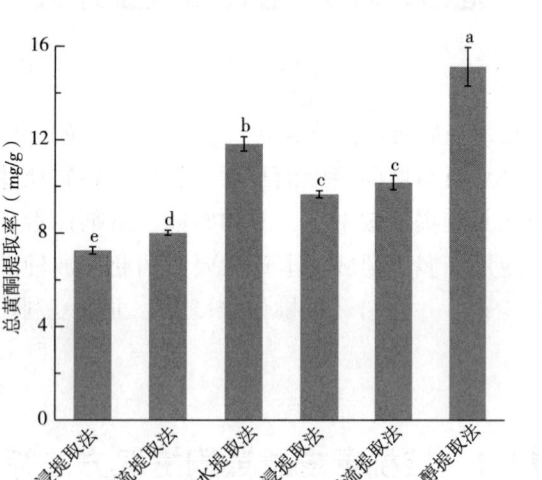

图 12-1　不同提取方法对总黄酮提取率的影响

注　图中不同字母表示差异显著（$P<0.05$）。

12.2　超声辅助乙醇提取法提取核桃青皮总黄酮

以核桃青皮总黄酮提取率为考察指标，分别研究乙醇体积分数（10%、30%、50%、70%和90%，固定超声温度60 ℃、超声时间40 min）、超声温度（50 ℃、60 ℃、70 ℃、80 ℃和90 ℃，固定乙醇体积分数50%、超声时间40 min）以及超声时间（25 min、35 min、45 min、55 min和65 min，固定乙醇体积分数50%、超声温度60 ℃）3种因素对核桃青皮总黄酮提取率的影响。

当乙醇体积分数为30%时，总黄酮提取率相比10%乙醇浓度有所下降，但无显著差异［图12-2（a）］；当乙醇体积分数为50%时，总黄酮提取率达到最高，且与其他乙醇浓度下的提取率差异显著（$P<0.05$）。随超声温度的增加，总黄酮提取率呈现先升高后降低的趋势［图12-2（b）］，在80 ℃时提

取率最高，差异显著（$P<0.05$），这可能是超声温度过高，导致溶液中部分黄酮发生分解、氧化等反应，且伴随着 C—O 键和 C—C 键的断裂而产生 CO、CO_2 和 H_2O 等而挥发，总黄酮提取率降低。在超声时间为 45 min 时，总黄酮提取率最高 [图 12-2 （c）]，且差异显著（$P<0.05$）；当超过 45 min 时，总黄酮提取率下降可能是因为超声时间过长导致总黄酮结构被破坏，从而影响了核桃青皮总黄酮的提取率。因此，提取效果最佳的条件为：乙醇体积分数 50%，超声温度 80 ℃，超声时间 45 min。

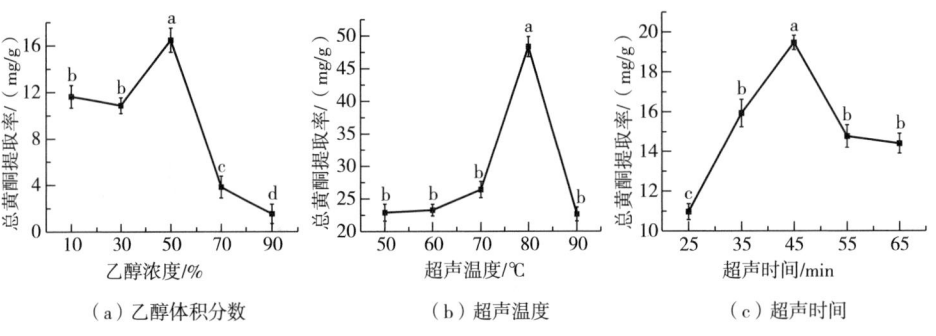

图 12-2　乙醇体积分数、超声温度和超声时间对总黄酮提取率的影响

注　图中不同字母表示差异显著（$P<0.05$）。

12.3　响应面法优化核桃青皮总黄酮提取工艺

根据 Box-Behnken 实验设计原理，选择乙醇体积分数（A）、超声温度（B）、超声时间（C）3 种影响因素，以总黄酮提取率（Y）为响应值，设计 3 因素 3 水平响应面实验，乙醇体积分数分别为 30%、50% 和 70%，超声温度分别为 70 ℃、80 ℃ 和 90 ℃，超声时间分别为 35 min、45 min 和 55 min。

12.3.1　响应面试验结果及其显著性分析

响应面优化实验方案及结果见表 12-1。该结果拟合的二次回归方程为：
$Y = 51.93 - 1.15A + 0.96B + 5.16C + 1.50AB + 7.32AC - 3.10BC - 6.82A^2 - 9.97B^2 - 13.13C^2$。由方差分析（表 12-2）可知，模型 P 值低于 0.0001，说明模型具有显著性差异；失拟项为 0.0977，大于 0.05，不显著，表明试验误差小。其

中，差异极显著（$P<0.01$）的为一次项 C、二次项 AC、A^2、B^2、C^2，差异显著（$P<0.05$）的为二次项 BC。结果表明超声时间这一因素对总黄酮提取率具有显著的影响。

表 12-1　Box-Behnken 试验方案和测试结果

试验号	乙醇体积分数/%	超声温度/℃	超声时间/min	总黄酮提取率/%
1	30	70	45	38.77
2	70	70	45	32.99
3	30	90	45	34.28
4	70	90	45	34.50
5	30	80	35	34.28
6	70	80	35	17.81
7	30	80	55	31.50
8	70	80	55	44.33
9	50	70	35	18.67
10	50	90	35	30.22
11	50	70	55	33.64
12	50	90	55	32.78
13	50	80	45	52.88
14	50	80	45	52.46
15	50	80	45	53.53
16	50	80	45	50.90
17	50	80	45	49.89

表 12-2　响应面方差分析结果

方差来源	平方和	自由度	均方	F 值	P 值
模型	1977.25	9	219.69	40.82	<0.0001**
A-乙醇体积分数	10.57	1	10.57	1.96	0.2038
B-超声温度	7.41	1	7.41	1.38	0.2790

续表

方差来源	平方和	自由度	均方	F 值	P 值
C-超声时间	212.95	1	212.95	39.57	0.0004**
AB	8.96	1	8.96	1.67	0.2378
AC	214.60	1	214.60	39.88	0.0004**
BC	38.46	1	38.46	7.15	0.0318*
A^2	195.87	1	195.87	36.40	0.0005**
B^2	418.94	1	418.94	77.85	<0.0001**
C^2	725.81	1	725.81	134.87	<0.0001**
残差	37.67	7	5.38		
失拟项	28.69	3	9.56	4.26	0.0977
纯误差	8.98	4	2.25		
总和	2014.92	16			

注　"*"表示差异显著（$0.01<P<0.05$），"**"表示差异极显著（$P<0.01$）。

12.3.2　模型准确性分析

模型的准确性分析见图 12-3（a），模型实际值与预测值偏差较小，证明本次模型拟合准确性高；核桃青皮总黄酮响应值的残差正态分布概率图见图 12-3（b），各响应值合理分布在直线双侧，表明方差高度吻合；17 组模型响应值与学生化内残差的结果见图 12-3（c），数值均在 [-3, 3] 区间内，说明模型预测值与实际观测值接近，拟合效果较好；模型中每个响应值的 DF-BETAS 值见图 12-3（d），每个响应值对估计系数的影响程度较小；杠杆值均处于样本空间中心，且小于 1，证实模型中无有效偏差存在 [图 12-3（e）]；第 7 组与第 10 组库克距离大于 1，为离群点，在拟合二次多项式模型环节，应被剔除 [图 12-3（f）]，但结合图 12-3（a）~（e）综合分析得出，第 7 组与第 10 组实验值为强影响点而非异常点，因此予以保留，其余 15 组实验值的库克距离均在确定范围内。本次回归分析结果证实：核桃青皮总黄酮提取工艺模型具有较高的准确度。

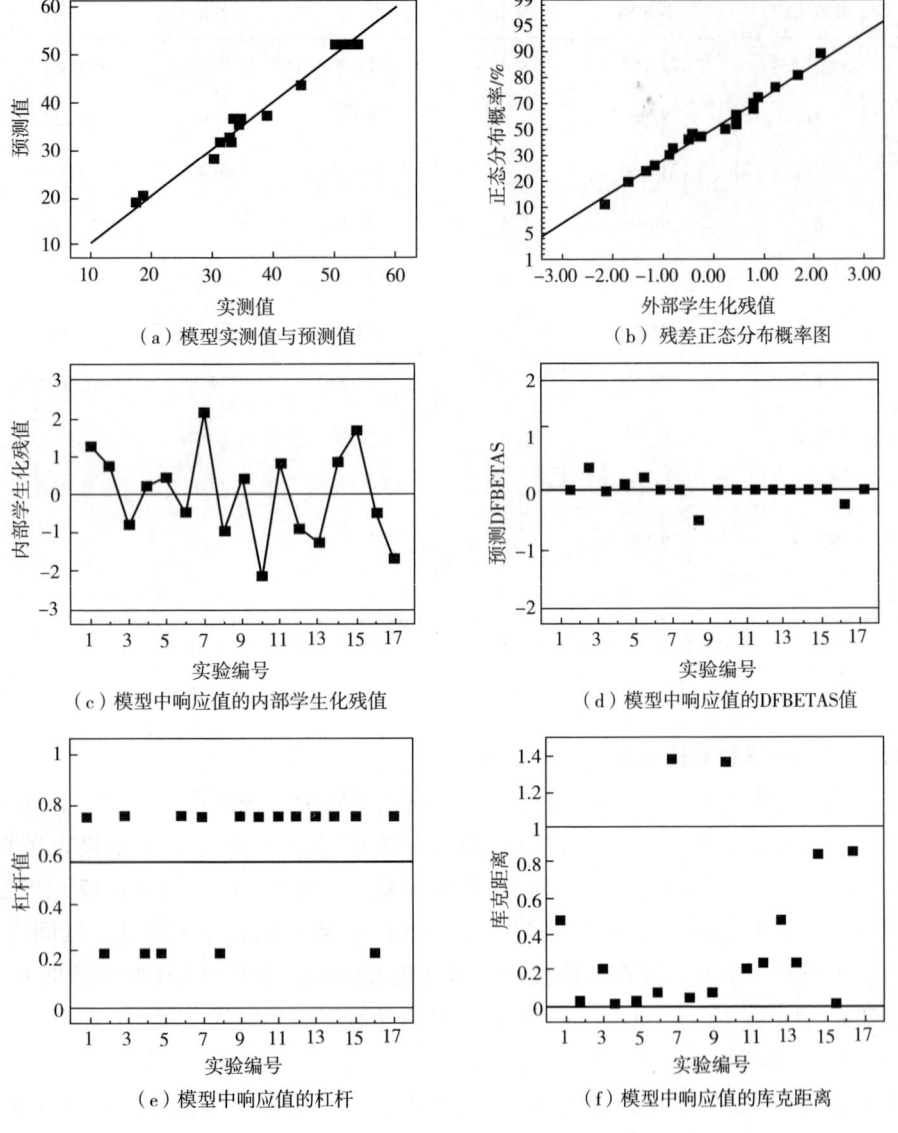

（a）模型实测值与预测值

（b）残差正态分布概率图

（c）模型中响应值的内部学生化残值

（d）模型中响应值的DFBETAS值

（e）模型中响应值的杠杆

（f）模型中响应值的库克距离

图 12-3　Box-Behnken 模型准确度测试

12.3.3　响应面曲面图分析

　　各因素的交互效应对核桃青皮总黄酮提取率影响较大。以曲面弯曲弧度越大、形状与椭圆形越相似、表明交互效应越显著为依据可知，乙醇浓度与超声时间、超声温度与超声时间的交互效应较为明显，与方差分析结果相吻合（图 12-4）。模型预测得到提取核桃青皮总黄酮的最佳工艺条件为：乙醇体积分数 50.52%、超声温度 80.19 ℃、超声时间 47.01 min，在此条件下，核桃青皮总黄酮提取率为 52.45 mg/g。为符合实际工艺操作，对最佳提取工艺进行验证，以乙醇体积分数 51%、超声温度 80 ℃、超声时间 47 min 进行验证，得出核桃青皮总黄酮提取率为 52.53 mg/g，与软件设计结果基本吻合，适合用于提取核桃青皮总黄酮。

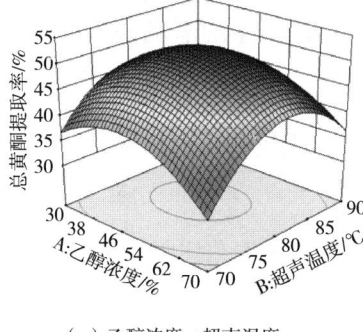

（a）乙醇浓度—超声温度

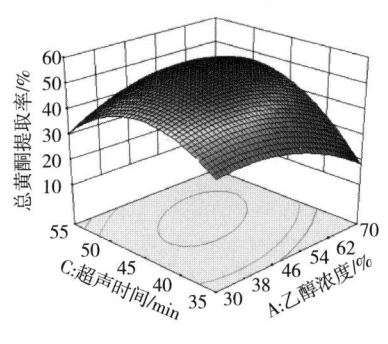

（b）乙醇浓度—超声时间

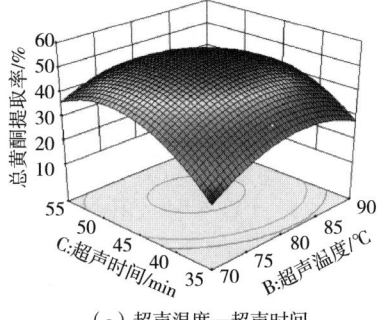

（c）超声温度—超声时间

图 12-4　各因素交互作用对总黄酮提取率影响的响应面分析

第13章 核桃青皮总黄酮纯化及结构表征

核桃青皮总黄酮作为核桃次生代谢产物，虽然含量较低，但其化学多样性复杂，因此需要借助灵敏度高且选择性强的分析方法进行结构表征与组分分析。本篇主要介绍黄酮类化合物通过傅里叶红外光谱、液相色谱—质谱等手段的表征，明确核桃青皮总黄酮的结构，为后续生物活性的研究提供依据。

13.1 大孔树脂类型对吸附效果的影响

按照第12章方法制备核桃青皮总黄酮。将5种大孔树脂分别置于体积分数95%的乙醇溶液中浸泡24 h使其完全膨胀，用去离子水清洗至无醇味；将处理后的大孔树脂依次置于质量分数5% HCl和4% NaOH溶液中浸泡2 h，用去离子水清洗至流出液呈中性，作为湿树脂备用。

13.1.1 静态吸附

分别称取预处理后的5种大孔树脂2 g于锥形瓶中，依次加入2 mg/mL的总黄酮溶液10 mL，置于恒温振荡培养器吸附24 h后，测定溶液中总黄酮含量，依据式（13-1）、式（13-2）计算5种大孔树脂的吸附量和吸附率。然后利用10 mL 70%乙醇溶液进行解吸附，并根据式（13-3）计算解吸率。

$$吸附量 = \frac{C_0 - C_1}{m} \times V_1 \qquad (13\text{-}1)$$

$$吸附率 = \frac{C_0 - C_1}{C_0} \times 100\% \qquad (13\text{-}2)$$

$$解吸率 = \frac{C_2}{C_0 - C_1} \times \frac{V_2}{V_1} \times 100\% \qquad (13\text{-}3)$$

式中：C_0——核桃青皮总黄酮的初始浓度，mg/mL；

C_1——吸附平衡时总黄酮的浓度，mg/mL；

C_2——解吸液中总黄酮的浓度，mg/mL；

m——树脂的质量，g；

V_1——加入样液的体积，mL；

V_2——加入解析液的体积，mL。

大孔树脂类型对吸附效果的影响效果见表 13-1，5 种大孔树脂对核桃青皮总黄酮的吸附量与吸附率无显著差异（$P<0.05$），分别达到 0.34 mg/g 和 97.2% 以上；而解吸效果最佳的是 AB-8 大孔树脂，且 AB-8 对总黄酮的解吸率相比其他 4 种树脂差异显著（$P<0.05$）。因此，选择 A8-8 作为纯化核桃青皮总黄酮的大孔树脂。

表 13-1　5 种大孔树脂静态吸附效果

指标	树脂类型				
	D3520	D101	HPD-600	AB-8	DM130
吸附量/（mg/g）	0.340±0.03	0.342±0.11	0.347±0.06	0.345±0.04	0.349±0.17
吸附率/%	97.20±1.04	97.80±0.83	99.00±0.2	98.40±0.59	99.60±0.74
解吸率/%	64.6±0.71[d]	56.2±0.3[e]	66.50±0.09[c]	68.10±0.57[a]	67.20±0.18[b]

注　表中不同字母表示差异显著（$P<0.05$）。

13.1.2　动态吸附

称取 25 g 预处理后的 AB-8 树脂进行湿法装柱（60×2.5 cm），平衡 12 h 后分别考察上样液浓度（1 mg/mL，2 mg/mL，4 mg/mL 和 6 mg/mL）、上样流速（2 BV/h，3 BV/h，4 BV/h 和 5 BV/h）、乙醇体积分数（50%，60% 和 70%）和洗脱流速（1 BV/h，2 BV/h，3 BV/h 和 4 BV/h）对吸附效果的影响。

（1）上样浓度对吸附效果的影响

由图 13-1 可知，随着上样液浓度的增加，AB-8 大孔树脂的吸附量逐渐增加，这是因为在一定范围内，上样液的浓度越高，样液中所含的核桃青皮总黄酮的浓度越高，导致大孔树脂的吸附量变大。但上样液浓度为 1 mg/mL 和 2 mg/mL 时，泄漏点出现较晚；上样液浓度为 6 mg/mL 时，泄漏点出现较早且吸附量增长缓慢。为节约实验材料，在随后的实验中，选择上样液浓度为 4 mg/mL。

（2）上样流速对吸附效果的影响

如图 13-2 所示，随着上样流速增加，达到泄漏点时的 BV 数逐渐减小，达到吸附平衡的速度逐渐增加。这可能是因为流速越大，总黄酮溶液与树脂接触时间越短，导致总黄酮未被完全吸附就已流出层析柱。反之，上样流速越慢，总黄酮吸附量越大，但在吸附的同时易滞留其他杂质，不利于洗脱且速度过慢降低吸附效率。因此选择 3 BV/h 作为最佳上样流速。

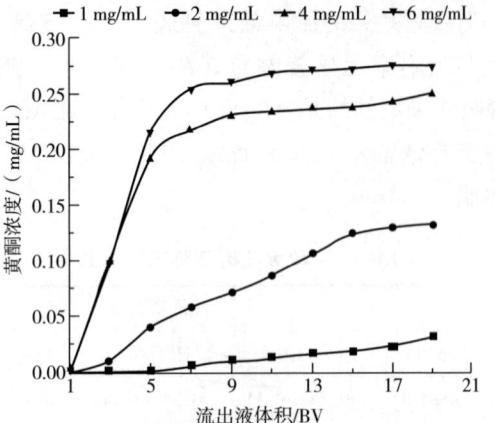

图 13-1　上样浓度对吸附效果的影响

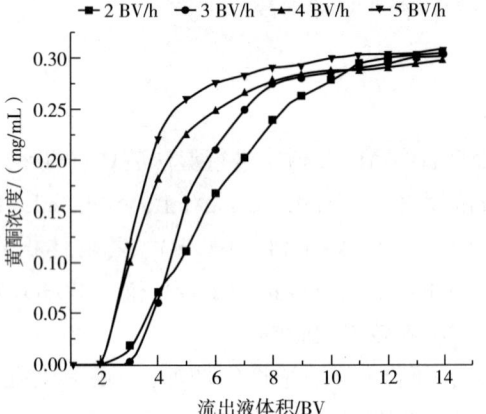

图 13-2　上样流速对吸附效果的影响

（3）乙醇体积分数对洗脱效果的影响

如图 13-3 所示，随着乙醇体积分数的增加，洗脱剂对核桃青皮总黄酮的解吸能力增强，即乙醇体积分数越高，洗脱峰的峰值越高，并且乙醇体积分数为 70% 时的峰值比其他两个峰值要大得多。这可能是由于乙醇溶液的体积分数越大，洗脱液的极性越弱，根据相似相容原理，极性较弱的洗脱液容易洗脱吸附在 AB-8 大孔树脂上极性较小的核桃青皮总黄酮。根据上述情况，洗脱剂选择体积分数为 70% 的乙醇溶液最为合适。

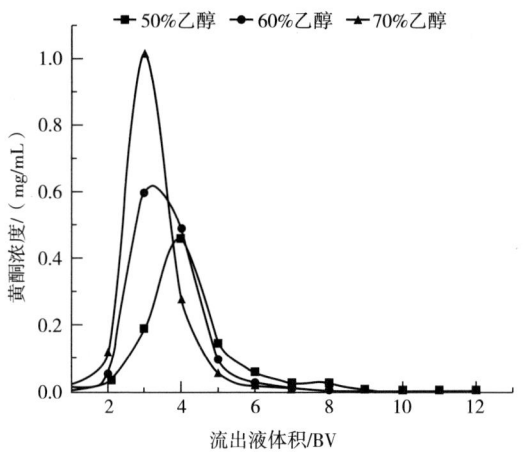

图 13-3 乙醇体积分数对洗脱效果的影响

（4）洗脱流速对洗脱效果的影响

根据图 13-4 可知，在一定范围内，洗脱液的解吸能力随着洗脱流速的增加而逐渐降低，即洗脱峰的峰值随着洗脱流速的增加而逐渐减小。这可能是因为洗脱流速过快，当洗脱液流出层析柱时，吸附在树脂上的核桃青皮总黄酮未来得及充分溶解到洗脱液中。当洗脱流速为 1 BV/h 时，流速太慢，洗脱峰出峰缓慢且峰形较宽。当洗脱流速为 2 BV/h 时，洗脱峰出现最大值，且洗脱峰出现得很快，没有明显的拖尾，洗脱效果最好，因此选择 2 BV/h 作为最佳洗脱流速。

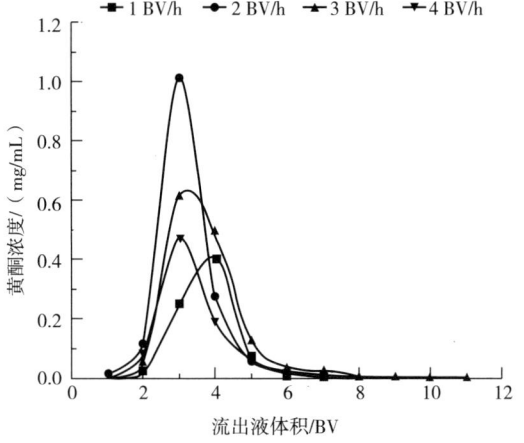

图 13-4 洗脱流速对洗脱效果的影响

13.2 核桃青皮总黄酮的结构表征

13.2.1 核桃青皮总黄酮的组成成分

液相色谱是分离与分析测定天然化合物的现代分析方法。质谱是快速、准确分析未知化合物分子式及结构的有效手段。液相色谱-质谱联用（LC-MS）是检测和鉴定天然有机化合物的常用分析方法。使用 Waters H—Class HPLC 超高效液相色谱和 G2-XS Qtof 精确飞行时间质谱联用仪进行 LC-MS 分析。色谱分析条件：Waters BEH C18 色谱柱（50 mm×2.1 mm，1.7 μm），流速 0.6 mL/min，柱温 40 ℃，进样量 10.0 μL。流动相为体积分数 90% 的甲醇（含 0.1% 甲酸）。质谱分析条件：ESI 负离子模式，喷雾气压力 0.3445 MPa，干燥气流速 800 L/h，干燥气温度 400 ℃，毛细管电压 3500 V，离子源温度 110 ℃，扫描范围（m/z）50~2000。

通过 LC-MS 检测并分析（图 13-5），核桃青皮总黄酮共含有 25 种成分（表 13-2）。其中含有 5 种主要的黄酮类化合物，分别为：圣草酚-7-O-β-D-吡喃葡萄糖醛酸苷乙酯（eriodictyol-7-O-β-D-glucuronide ethyl ester）、五羟基黄酮-3-鼠李糖苷（myricetin-3-rhamnoside）、槲皮素-3-O-α-L-阿拉伯吡喃糖苷（quercetin 3-O-α-L-arabinopyranoside）、7,7″-二羟基-6,6′-二甲氧基-3,3′-双香豆素(7,7″-dihydroxy-6,6′-dimethoxy-3,3′-biscoumarin)、矢

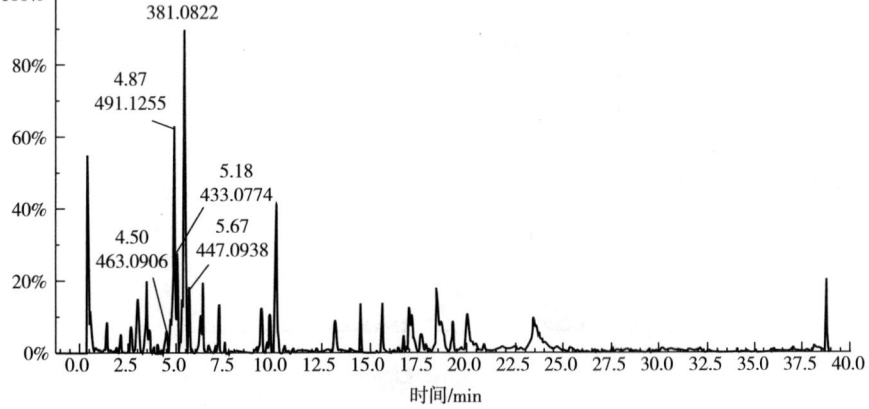

图 13-5 核桃青皮总黄酮液质联用（LC-MS）总离子流图

车菊素–3–O–葡萄糖苷（cyanidin-3-O-glucoside）。Zhu 采用超声辅助双水相萃取法对红枣皮中黄酮类化合物进行提取，并通过 UPLC–MS/MS 鉴定出芦丁、槲皮素 3–β–d–葡萄糖苷和山奈酚–3–O–芦丁苷为主要黄酮类化合物，证明通过液相色谱质谱联用法能高效准确检测出其中的物质组成。

表 13-2　核桃青皮总黄酮组成成分

序号	组分名	化学式	观测保留时间/min	观测 m/z	响应值	质量数误差	化合物类型
1	1–O–咖啡酰奎宁酸	$C_{16}H_{18}O_9$	0.39	353.09	67009	−1.5	多酚
2	3–O–反式香豆酰基奎宁酸	$C_{16}H_{16}O_8$	2.12	337.09	43492	−0.6	多酚
3	当药苷	$C_{16}H_{22}O_9$	2.56	357.12	6541	−1.1	萜类
4	对–O–葡糖基反式桂皮酸甲酯	$C_{16}H_{20}O_8$	3.00	339.11	69231	−0.2	多酚
5	金钗石斛素 F	$C_{15}H_{22}O_5$	3.47	281.18	31955	0.1	黄酮
6	五羟基黄酮–3–鼠李糖苷	$C_{21}H_{20}O_{12}$	4.50	463.09	165984	0.0	黄酮
7	圣草酚–7–O–β–D–吡喃葡萄糖醛酸苷乙酯	$C_{23}H_{24}O_{12}$	4.87	491.12	280909	−0.3	黄酮
8	槲皮素–3–O–α–L–阿拉伯吡喃糖苷	$C_{20}H_{18}O_{11}$	5.18	433.08	91996	−1.2	黄酮
9	7,7″–二羟基–6,6′–二甲氧基–3,3′–双香豆素	$C_{20}H_{14}O_8$	5.43	381.06	12550	5.9	黄酮
10	矢车菊素–3–O–葡萄糖苷	$C_{21}H_{20}O_{11}$	5.66	447.09	31761	1.0	黄酮
11	肉苁蓉苷 H	$C_{22}H_{32}O_{13}$	6.27	503.18	2134	−0.9	苯乙醇苷
12	内南五味子素 D	$C_{29}H_{28}O_8$	6.40	503.17	19054	−5.8	木脂素
13	桑色素	$C_{15}H_{10}O_7$	7.19	301.04	8808	−0.3	黄酮
14	木藜芦素 I	$C_{21}H_{34}O_8$	9.40	413.22	5718	−5.2	萜类
15	Cynanoside Q2	$C_{40}H_{60}O_{14}$	9.84	763.39	6144	−6.2	甾体类
16	三棱酸	$C_{18}H_{34}O_5$	10.16	329.23	142385	−1.1	有机酸
17	苦楝子二醇	$C_{30}H_{48}O_{11}$	13.2	487.34	56022	−1.2	萜类

续表

序号	组分名	化学式	观测保留时间/min	观测 m/z	响应值	质量数误差	化合物类型
18	藏红花酸	$C_{20}H_{24}O_4$	14.5	327.16	1i359	-0.8	类胡萝卜素
19	Coronaric acid	$C_{18}H_{32}O_3$	16.98	295.23	17368	-0.5	有机酸
20	3β-O-反式-对-咖啡酰基齐墩果酸	$C_{38}H_{54}O_7$	17.59	633.38	8546	-3.3	萜类
21	孕甾-4,16-二烯-3,12,20-三酮	$C_{21}H_{26}O_3$	18.44	325.18	24524	9.8	甾体类
22	苦参色满二氢黄酮B	$C_{25}H_{28}O_5$	19.34	407.19	13553	1.0	黄酮
23	锦葵酸	$C_{18}H_{32}O_2$	20.01	279.23	8409	-0.5	有机酸
24	木麻黄宁	$C_{41}H_{28}O_{26}$	23.44	935.09	14797	9.9	多酚
25	硫酸基槲皮素	$C_{15}H_{10}O_{10}S$	38.80	380.99	5506	-0.7	黄酮

13.2.2 核桃青皮总黄酮的红外光谱

红外光谱是指分子能选择性吸收某些波长的红外线，而引起分析中振动能级和转动能级的跃迁，通过检测红外线被吸收的情况可得到物质的红外吸收光谱。不同类型基团的化学键由于发生伸缩振动或弯曲振动而具有特定的吸收峰，也称特征峰。将干燥的核桃青皮多糖样本 4.0 mg 与干燥的溴化钾在玛瑙研钵中研磨均匀后压片，使用傅里叶红外光谱仪在 400～4000 cm⁻¹ 范围内进行扫描分析。

根据图 13-6 可知，核桃青皮总黄酮红外光谱图在 3402.8 cm⁻¹ 附近有一个强而宽的吸收峰，是羟基伸缩振动的特征吸收峰（3600～3200 cm⁻¹）；2924.44 cm⁻¹ 处的吸收峰是 C—H 键伸缩振动（2950～2850 cm⁻¹）；在 1608.23 cm⁻¹ 附近的吸收峰为 C═O 双键的伸缩振动；1453.73 cm⁻¹ 和 1379.45 cm⁻¹ 处的吸收峰为苯环对称伸缩振动；112.05 cm⁻¹ 和 1070.45 cm⁻¹ 附近的吸收峰由 C—O 键伸缩振动引起的；在 758.48 cm⁻¹ 处的吸收峰是 C—H 键向面外弯曲振动产生的；以及 615.87 cm⁻¹ 和 571.3 cm⁻¹ 处是 O—H 建向面外弯曲振动而引起的吸收峰。

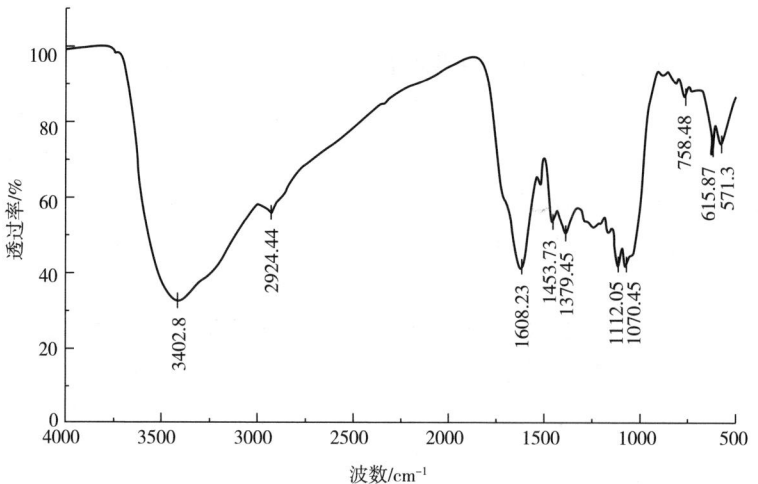

图 13-6　核桃青皮总黄酮傅里叶红外光谱图

13.2.3　核桃青皮总黄酮的 X-射线衍射

使用 X-射线衍射仪测定核桃青皮多糖的结晶性能。X-射线衍射条件：铜靶，管压 40 kV，管流 40 mA，步长 0.02 度，扫描速率 8°/min，广角衍射扫描角度范围 5°~85°。如图 13-7 所示，在 5°~50°范围内没有出现显著的强吸收峰，几乎为无定形区，证明核桃青皮总黄酮结晶性能差，以无晶型结构存在。

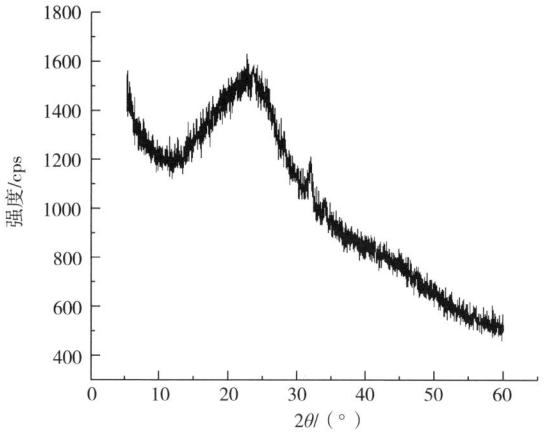

图 13-7　核桃青皮总黄酮 X-射线衍射图

13.2.4　核桃青皮总黄酮的综合热分析

为了分析核桃青皮总的热行为，结合 TG（热重分析）和 DSC（差示扫描量热分析）两种技术，同时测定样品的质量和热量随温度的变化。采用耐驰 STA-2500 综合热分析仪对核桃青皮多糖进行热重分析。取约 10 mg 样品，放入样品池，在 10℃/min 的 N_2 气氛下，测定其在室温~800 ℃区间的质量变化。如图 13-8 所示，当温度从室温升高到 200℃时，核桃青皮总黄酮的质量逐渐减小，这可能与总黄酮内部水分子蒸发有关；当温度超过 200℃时，总黄酮质量急剧下降，可能是由于总黄酮中有机物发生分解，从而引起质量降低；当温度在 450℃到 800℃时，总黄酮质量降低缓慢，最终残留质量为 48.34%。根据 DTG 曲线可知，核桃青皮总黄酮损失率在 200~300℃范围内最大，与热重曲线（TG 曲线）分析结果基本一致。

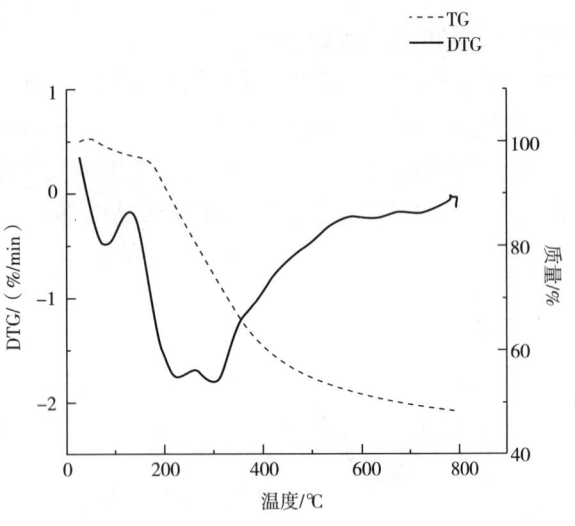

图 13-8　核桃青皮总黄酮热重分析图

图 13-9 为核桃青皮总黄酮的差示扫描量热分析图（DSC），由 DSC 曲线可知，总黄酮在供试温度范围内没有出现特征吸收峰，这表明核桃青皮总黄酮是惰性样品，具有很好的热稳定性，在供试温度范围内无热反应发生。

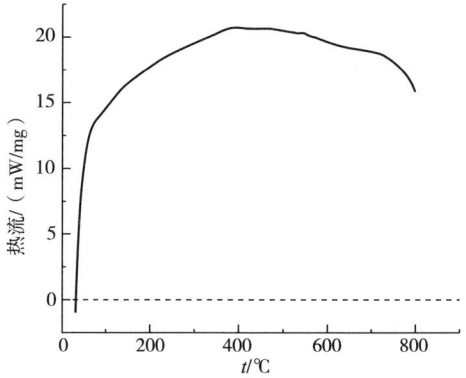

图 13-9　核桃青皮总黄酮差示扫描热量图

13.3　核桃青皮总黄酮的体外抗氧化活性

13.3.1　DPPH 自由基清除活力

依照第 4 章"4.4.2（1）方法"测定核桃青皮总黄酮对 DPPH 自由基清除活性。如图 13-10（a）所示，核桃青皮总黄酮在实验浓度范围内具有良好的 DPPH 自由基清除活性，且呈剂量依赖性。总黄酮与维生素 C 的 IC_{50} 值分别为 63.13 μg/mL、21.55 μg/mL。在 0~150 μg/mL 浓度范围内，总黄酮清除 DPPH 自由基的能力逐渐增加；浓度超过 150 μg/mL，DPPH 自由基清除能力逐渐趋于稳定，达 90.87%，清除效果接近维生素 C，表明核桃青皮总黄酮具有较强的 DPPH 清除能力。

13.3.2　ABTS 清除活力

依照"4.4.2（2）实验方法"测定核桃青皮总黄酮对 ABTS 自由基清除活性。图 13-10（b）显示，随着浓度逐渐增加，核桃青皮总黄酮与维生素 C 的 ABTS 自由基清除率都呈剂量依赖性增加，IC_{50} 值分别为 11.75 μg/mL、6.05 μg/mL。当总黄酮浓度超过 40 μg/mL 时，ABTS 清除率达到最高，为 98.36%，清除效果与维生素 C 相近，表明核桃青皮总黄酮是一种良好的 ABTS 清除剂，并在一定程度上有助于防止氧化损伤。

13.3.3　羟自由基清除能力

羟自由基被认为是活性氧中最具活性、可引起邻近生物分子损伤的自由基，并且还能引发多种疾病。依次配制 0.2 mol/L PBS 磷酸缓冲液（pH = 7.4），5×10^{-3} mol/L 邻菲啰啉溶液，7.5×10^{-3} mol/L $FeSO_4$ 和 0.1% H_2O_2 溶液。取 10 mL 试管依次加入 1 mL 邻菲啰啉溶液、0.5 mL $FeSO_4$ 溶液、1 mL PBS 缓冲液、1 mL 样品溶液、0.5 mL H_2O_2 溶液和 6 mL 蒸馏水，立即混匀，并在 37 ℃水浴锅中保温 1 h，在 536 nm 处测定吸光度值。以抗坏血酸作为阳性对照。利用式（13-4）计算羟自由基清除率。

$$羟自由基清除率 = \frac{A_2 - A_1}{A_0 - A_1} \times 100\% \qquad (13-4)$$

式中：A_0——不加样品与 H_2O_2 的混合溶；

　　　A_1——不加样品的混合溶液；

　　　A_2——加样品与 H_2O_2 的混合溶液。

由图 13-10（c）可知，随着浓度的增加，核桃青皮总黄酮对羟基自由基的清除能力逐步增加，并且呈一定的量效关系。总黄酮与维生素 C 清除羟自由基的 IC_{50} 值分别为 1.3 mg/mL、1.03 mg/mL，在考察浓度范围内，清除率最高可达 91.56%，表明核桃青皮总黄酮对羟基自由基具有较强的清除能力，且清除效果可与维生素 C 媲美。

13.3.4　Fe^{3+} 还原活力

Fe^{3+} 总还原力检测是基于抗氧化剂能够将 Fe^{3+} 还原，Fe^{2+} 与特定试剂反应形成蓝色复合物，并在 700 nm 处有特定吸收光。依次配制 1% $K_3[Fe(CN)_6]$ 溶液，10% $C_2HCl_3O_2$ 溶液和 0.1% $FeCl_3$ 溶液。向 10 mL 试管分别加入 0.5 mL 样品溶液、2.5 mL PBS 缓冲液以及 2.5mL 1% $K_3[Fe(CN)_6]$ 溶液，混匀后在 50 ℃水浴锅中保温 20min。向水浴后的混合溶液中加入 2.5 mL 10% $C_2HCl_3O_2$ 溶液，立即混匀，室温静置反应 10min。反应后，取 2.5 mL 上清液于试管中，加入 2.5 mL 蒸馏水与 0.5 mL 0.1% $FeCl_3$ 溶液，混匀后室温静置反应 10 min。在 700 nm 处测定吸光度值。以抗坏血酸作为阳性对照。据图 13-10（d）可知，对于还原 Fe^{3+} 为 Fe^{2+} 的能力，核桃青皮总黄酮的浓度与维生素 C 的浓度呈现正相关性。且 200 μg/mL 的总黄酮溶液对 Fe^{3+} 的还原效果相当于 85 μg/mL 维生素 C 溶液的还原效果，表明核桃青皮总黄酮提取液具有一定的铁离子还原能力。然而，维生素 C 的铁离子还原能力在相同浓度下始终高于玫瑰茄黄酮提取液，核桃青皮总黄酮提取液的还原力稍弱于维生素 C。

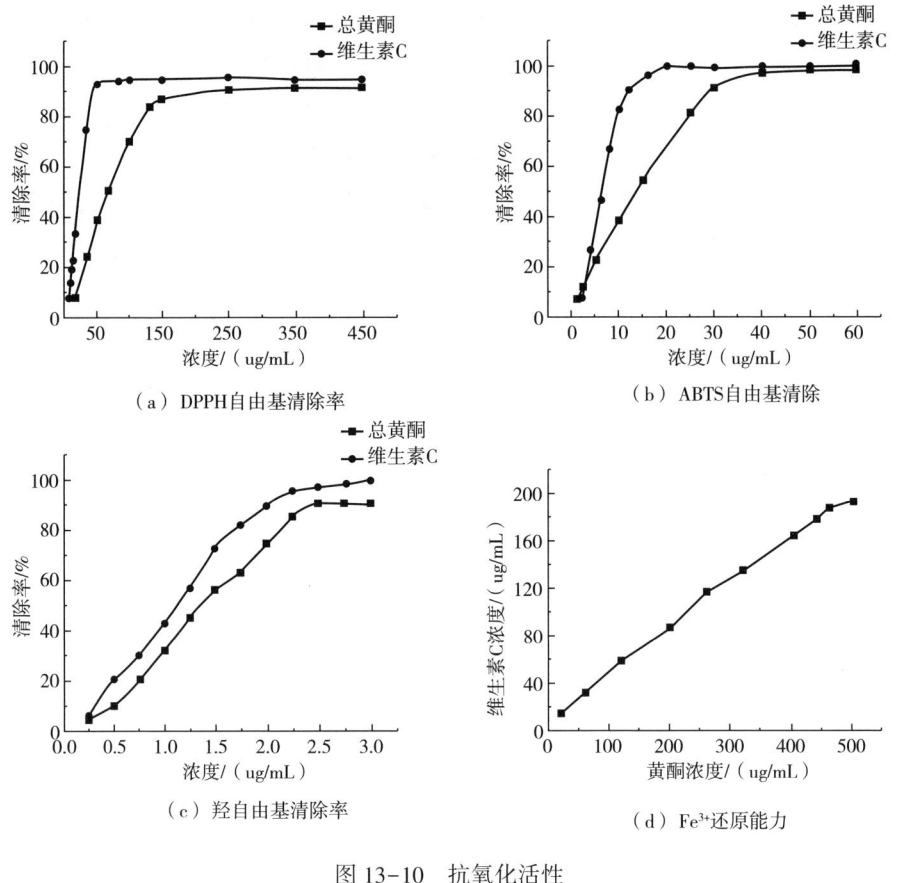

图 13-10　抗氧化活性

13.4　核桃青皮总黄酮的体外抗菌活性

核桃青皮总黄酮溶液的抑菌浓度与杀菌浓度越小，说明其对供试菌株的抑菌效果越好。从甘油冻存管中吸取 100 μL 菌液接入 100 mL LB 肉汤培养基中，37 ℃、180 r/min 培养 12 h。将摇好的菌液稀释不同倍数后取 100 μL 进行涂布，在 37 ℃恒温培养箱中培养 12 h 后，取菌落分散均匀的平板进行菌落计数，得到初始菌液中菌种的浓度，取浓度为 1×10^5 CFU/mL 的菌液进行实验。

采用微量肉汤稀释法,取 96 孔板,在第 1 孔到第 11 孔分别加入 100 μL 的菌液,再在第 1 孔加入 100 μL、100 mg/mL 总黄酮溶液,吹打均匀后第一孔吸取 100 μL 加入第二孔继续吹打均匀,依次加至第 10 孔,第 11 孔为不含药液的菌液对照。第 12 孔加入 100 μL 肉汤培养基作为空白对照,以上操作在无菌环境下进行,37 ℃恒温培养箱培养 24 h 后,肉眼观察清亮的最后一孔为最小抑菌浓度(MIC)。根据表 13-3 可知,核桃青皮总黄酮对大肠杆菌和枯草芽孢杆菌的抑制效果较好,最小抑菌浓度为 0.78 mg/mL,对金黄色葡萄球菌的抑菌能力较弱,在 12.5 mg/mL 的浓度下,达到最小抑菌浓度。

表 13-3 核桃青皮总黄酮对不同菌种的 MIC 值

浓度(mg/mL)	大肠杆菌	枯草芽孢杆菌	金黄色葡萄球菌
100	−	−	−
50	−	−	−
25	−	−	−
12.5	−	−	−
6.25	−	−	+
3.125	−	−	+
1.56	−	−	+
0.78	−	−	+
0.4	+	+	+
0.2	+	+	+

注 "−"表示菌种不生长,"+"表示菌种生长。

采用微量肉汤稀释法测定最小杀菌浓度。取 96 孔板,在第 1 孔到第 11 孔分别加入 100 μL 的菌液,再在第 1 孔加入 100 μL、100 mg/mL 总黄酮溶液,吹打均匀后,吸取第一孔 100 μL 加入第二孔吹打均匀,依次加至第 10 孔,第 11 孔为不含药液的菌液对照。第 12 孔加入 100 μL 肉汤培养基作为空白对照。37 ℃恒温培养箱培养 24 h 后,选择清亮的菌液每孔用移液枪吸取 100 μL,加入每种菌株对应的固体培养基中,涂布后 37 ℃培养 16 h,琼脂上无菌落生长的最低药物浓度为最小杀菌浓度(MBC)。根据表 13-4 可知,核桃青皮总黄酮对大肠杆菌和枯草芽孢杆菌的抑制效果较好,其最小杀菌浓度为 1.56 mg/mL;而对金黄色葡萄球菌的抑菌能力较弱,在 50 mg/mL 的供试浓度下，达到最小杀菌浓度。

表 13-4　核桃青皮总黄酮对不同菌种的 MBC 值

浓度/（mg/mL）	大肠杆菌	枯草芽孢杆菌	金黄色葡萄球菌
100	−	−	−
50	−	−	−
25	−	−	+
12.5	−	−	+
6.25	−	−	+
3.125	−	−	+
1.56	−	−	+
0.78	+	+	+
0.4	+	+	+
0.2	+	+	+

注　"−"表示菌种不生长，"+"表示菌种生长。

第14章　核桃青皮总黄酮的
体外降尿酸作用研究

高尿酸血症是一种由嘌呤代谢异常引起的慢性代谢性疾病，其特征是血液中的尿酸水平升高。目前，常用于治疗高尿酸血症的药物有别嘌呤醇、非布司他等，虽然这些药物可以通过抑制尿酸合成，降低尿酸水平来达到治疗目的，但长期用药难免对患者的肾脏功能产生损伤。而黄酮类化合物作为天然产物之一，具有安全性高、副作用小、成本低等优点，因此，本篇主要介绍核桃青皮的体外降尿酸作用，为核桃青皮的开发提供初步的理论参考。

14.1　尿酸相关标准曲线的绘制

为准确分离所有目标分析物，选择两相流动相进行梯度洗脱。流动相 A 为 0.1% 磷酸（w/v），流动相 B 为纯乙腈溶液。程序如下：0~25 min，流动相 B 从 2% 增到 95%；25~35 min，流动相 B 从 95% 降到 2%；35~40 min，流动相 B 维持在 2%。总流速设定为 1.0 mL/min，在进样前，相应系统应在设定流速下平衡 20 min，以确保柱压稳定。进样量为 20 μL，柱温为 30 ℃。

通过 HPLC 定性分析腺嘌呤、次黄嘌呤、尿酸、黄嘌呤、腺苷和肌苷六个标准样品的指纹图谱，并建立尿酸浓度与峰面积的线性函数。如图 14-1 所示，六种标准样品按腺嘌呤、次黄嘌呤、尿酸、黄嘌呤、腺苷和肌苷的顺序被依次完全分离。

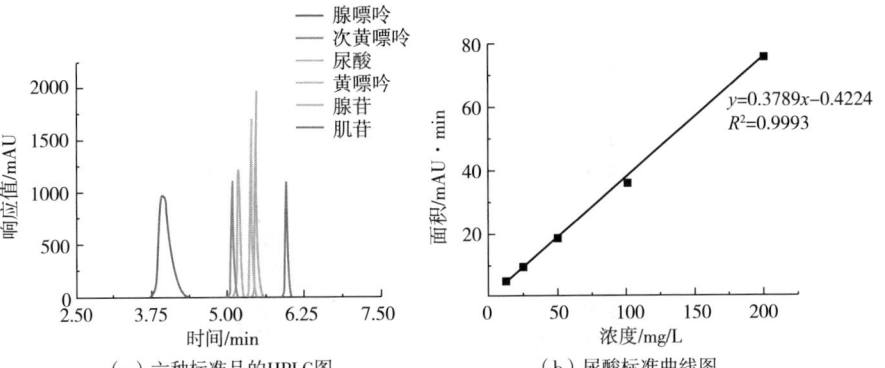

（a）六种标准品的HPLC图　　　　（b）尿酸标准曲线图

图 14-1　尿酸相关标准曲线

14.2　核桃青皮总黄酮对 HK-2 细胞的细胞毒性

　　将 HK-2 细胞培养在含 89% MEM 基础培养基+10% FBS+1% 双抗的培养基中，37 ℃、CO_2 浓度为 5%、湿度 70%~80% 的条件下生长，细胞贴壁生长至 85%~95% 时，以 1.0×10^5 个细胞/mL 的密度接种于 96 孔板中，每孔 100 μL。设置空白组（无细胞与 WPF）、对照组（无 WPF 处理仅有细胞）及 WPF 组，每组设置 5 个复孔将培养板放在 CO_2 培养箱培养 24 h。24 h 后吸出培养液，PBS 冲洗 3 次，空白组、对照组和 WPF 组分别加入基础培养液和溶有 WPF 的基础培养液，继续培养 24 h。24 h 后向每孔加入 10 μL CCK-8 检测液，在培养箱内孵育 2 h。450 nm 处用酶标仪测定吸光度，计算细胞存活率，选取低中高三个浓度作为后续实验用药的浓度。

　　WPF 对 HK-2 细胞的细胞存活率影响结果如图 14-2 所示，随着 WPF 浓度的增加，HK-2 细胞的存活率逐渐下降。当 WPF 浓度低于 13 μg/mL 时，HK-2 细胞存活率高于 100%，表明低浓度的 WPF 可能促进 HK-2 细胞生长；当 WPF 浓度在 25~100 μg/mL 范围内，细胞存活率在 100% 附近，此时的 WPF 浓度几乎不影响细胞正常生长；而当浓度高于 200 μg/mL 且低于 800 μg/mL 时，存活率低于 80%，证明较高浓度的 WPF 可抑制 HK-2 细胞生长。综上所述，应选择浓度为 25 μg/mL、50 μg/mL、100 μg/mL 的 WPF，来探究核桃青皮总黄酮对 HK-2 细胞模型的高尿酸血症的影响。

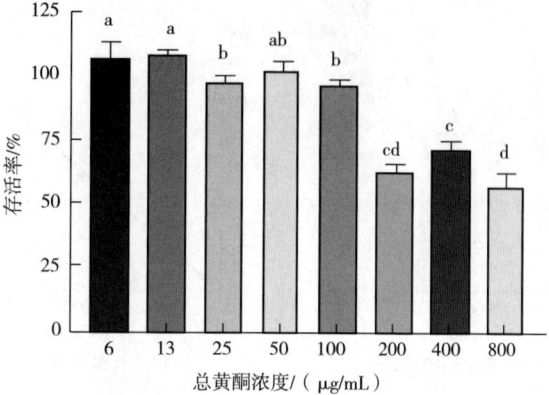

图 14-2　细胞存活率图

注　不同字母表示不同组间差异显著（$P<0.05$），相同字母表示差异不显著（$P>0.05$）。

14.3　高尿酸血症细胞模型的建立

14.3.1　腺苷浓度的选择

HK-2 细胞接种于 6 孔板（$3.0×10^5$ 个/孔），培养 24 h 后，弃去完全培养液，更换为基础培养液培养 24 h。培养后吸出培养液，PBS 冲洗 3 次，加入含有 0.5 mmol/L、1.5 mmol/L、2.5 mmol/L、3.5 mmol/L、4.5 mmol/L 腺苷的基础培养液，30 h 后向每孔加入 0.5 U XOD。8 h 后收集细胞培养上清液，并通过上述的 HPLC 进行分析，以确定腺苷浓度。

根据图 14-3 可知，随着腺苷浓度的增大，诱导 HK-2 细胞产生的尿酸浓度越高。0.5 mmol/L 腺苷诱导产生尿酸的浓度接近正常水平；浓度超过 2.5 mmol/L 时，尿酸浓度的增加量趋于平缓。为节约实验材料，选择 2.5 mmol/L 的腺苷浓度进行之后的实验。

14.3.2　细胞密度的确定

将 HK-2 细胞按照 $1.0×10^5$ 个/孔、$2.0×10^5$ 个/孔、$3.0×10^5$ 个/孔、$4.0×10^5$ 个/孔和 $5.0×10^5$ 个/孔的不同细胞密度接种于 6 孔板中，使用完全培养液培养 24 h 后，更换为基础培养液继续培养 24 h。培养后吸出培养液，用 PBS 冲洗 3 次，加入含有 2.5 mmol/L 腺苷的基础培养液，30 h 后向每孔加入

0.5 U XOD。8 h 后收集细胞培养上清液，并通过上述的 HPLC 进行分析，以确定细胞密度。

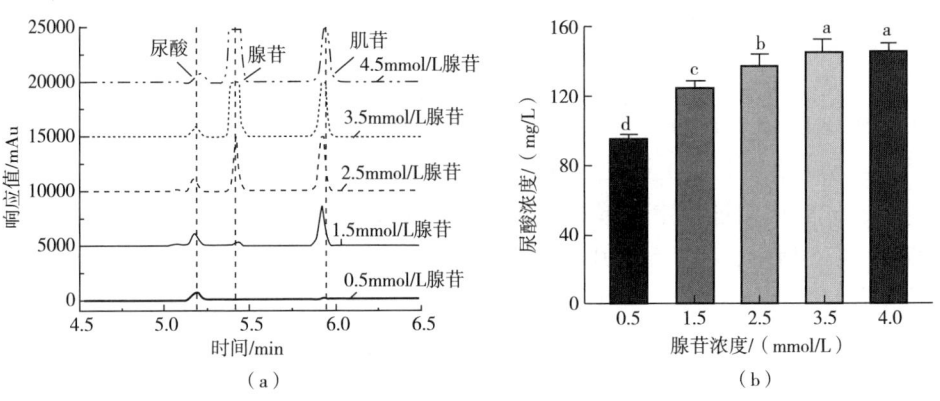

图 14-3　不同浓度腺苷诱导对尿酸产生的影响

注　不同字母表示不同组间差异显著（$P<0.05$）。

图 14-4 为不同细胞密度对尿酸产生的影响，随着细胞密度的增加，产生尿酸的浓度先增加后不变。当细胞密度低于 2.0×10^5 个/孔时，尿酸含量贴近正常尿酸水平，不利于高尿酸血症模型的建立；而细胞密度大于 4.0×10^5 个/孔时，尿酸水平过高，不利于之后的研究。因此，选择 3.0×10^5 个/孔的细胞密度进行之后的实验。

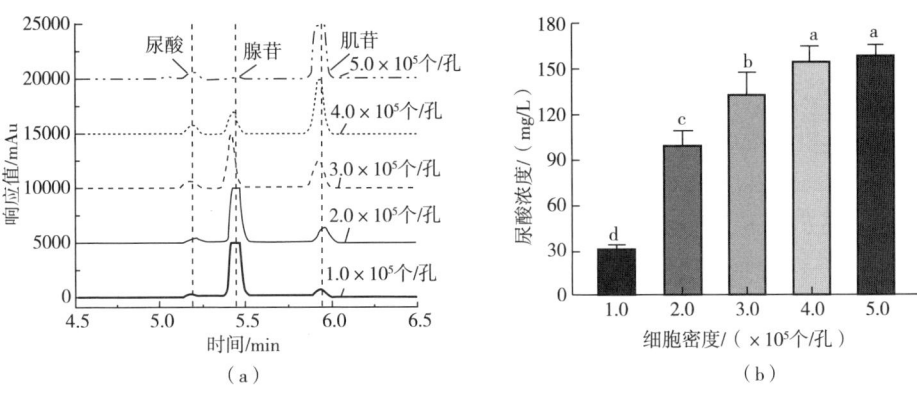

图 14-4　不同细胞密度对尿酸产生的影响

注　不同字母表示不同组间差异显著（$P<0.05$）。

14.3.3　黄嘌呤氧化酶浓度的确定

HK-2 细胞接种于 6 孔板（$3.0×10^5$ 个/孔），培养 24 h 后，弃去完全培养液，更换为基础培养液培养 24 h。培养后吸出培养液，PBS 冲洗 3 次，加入含有 2.5 mmol/L 腺苷的基础培养液，30 h 后向每孔分别加入浓度为 0.05 U/mL、0.5 U/mL、1 U/mL、1.5 U/mL、2 U/mL XOD。8 h 后收集细胞培养上清液，并通过上述的 HPLC 进行分析，以确定 XOD 浓度。

在尿酸代谢过程中，黄嘌呤氧化酶（XOD）能将次黄嘌呤转化为尿酸。如图 14-5 所示，在一定的腺苷浓度与细胞密度范围下，尿酸浓度与 XOD 浓度呈剂量依赖性增加。当 XOD 浓度超过 1.5 U/mL，尿酸浓度不再升高，可能是由于腺苷浓度与细胞密度所限制。综合考虑，选择 0.5 U/mL 的 XOD 浓度用于模型建立。

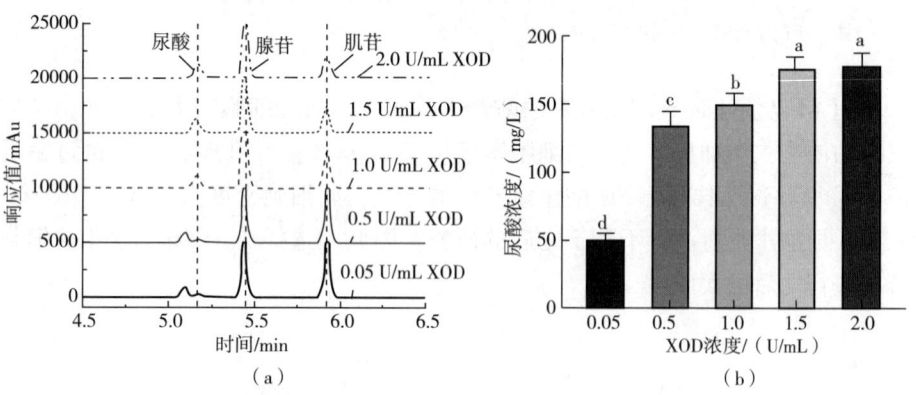

图 14-5　不同 XOD 浓度对尿酸产生的影响

注　不同字母表示不同组间差异显著（$P<0.05$）。

综上所述，HK-2 细胞高尿酸血症的模型建立选择 2.5 mmol/L 腺苷、$3.0×10^5$ 个/孔的细胞密度以及 0.5 U/mL 的 XOD 浓度进行研究。

14.4　核桃青皮总黄酮对 HK-2 细胞降尿酸作用

在建立高尿酸血症 HK-2 细胞模型前，进行用药研究，分为对照组（无诱导剂）、模型组、阳性对照组（1 mmol/L 别嘌呤醇）以及 WPF 高、中、低剂量组，培养 24 h 后，加入诱导剂建立模型。收集细胞培养上清液，用于 HPLC 检测，以研究 WPF 对高尿酸血症的预防作用。

　　如图 14-6 所示，模型组细胞培养液上清中尿酸含量显著高于对照组（$P<0.01$），证明高尿酸血症细胞模型建立成功。与模型组相比，阳性对照组与不同剂量 WPF 组的细胞上清液尿酸含量均有不同程度的下降，呈剂量依赖性且差异显著。其中，除阳性对照组外，高剂量（100 μg/mL）WPF 组的尿酸含量降低最明显，浓度接近阳性对照组。因此，高剂量（100 μg/mL）的 WPF 对 HK-2 细胞的降尿酸效果最好。

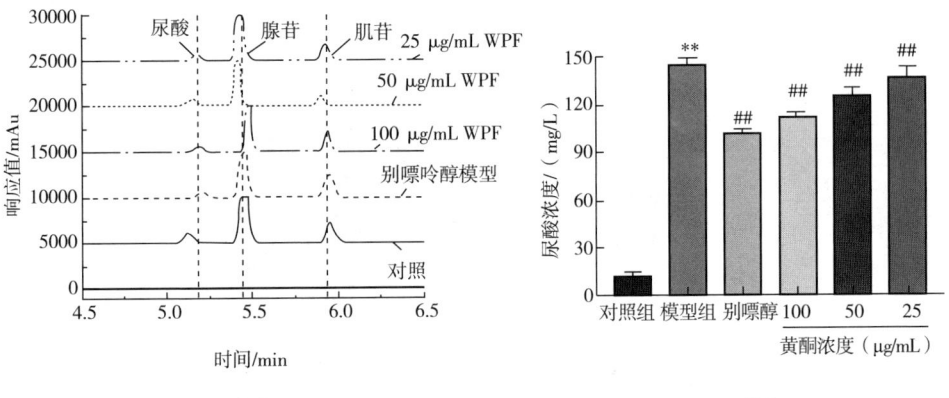

（a）　　　　　　　　　　　　　（b）

图 14-6　WPF 对高尿酸血症 HK-2 细胞的降尿酸作用

　　注　* 表示与对照组比较；# 表示与模型组比较。* 和 # 表示差异显著（$P<0.05$）；** 和 ## 表示差异极显著（$P<0.01$）。

14.5　核桃青皮总黄酮对 HK-2 细胞炎症因子的影响

　　对 HK-2 细胞用药并建立模型后，收集上清液，并取 50 μL 加入预包被酶标板中，混匀后置 37℃ 保温 50 min；洗板三次；每孔加入 100 μL 抗体工作液，混匀后置 37℃ 保温 50 min；洗板三次；加入 100 μL SABC 复合物工作液；混匀后置 37℃ 保温 30 min；洗板三次；加入 100 μL 显色液反应 15 min；最后加入 50 μL 终止液，用酶标仪在 450 nm 处测定吸光度值，用于检测炎症因子

（IL-6、IL-10、TGF-β1、TNF-α）。

14.5.1　核桃青皮总黄酮对 HK-2 细胞 IL-6 的影响

IL-6 是细胞中的促炎因子，在维持机体生理平衡中具有重要作用。据图 14-7 所示，在腺苷的诱导下，与对照组相比较，模型组 IL-6 的含量显著升高（$P<0.01$），超过 25 pg/mL。而与模型组相比较，WPF 高、中、低剂量均显著降低了 IL-6 的表达，且 100 μg/mL 的 WPF 效果最优，含量几乎接近对照组与阳性对照组，表明 100 μg/mL WPF 在降低 IL-6 的含量方面，效果接近别嘌醇。

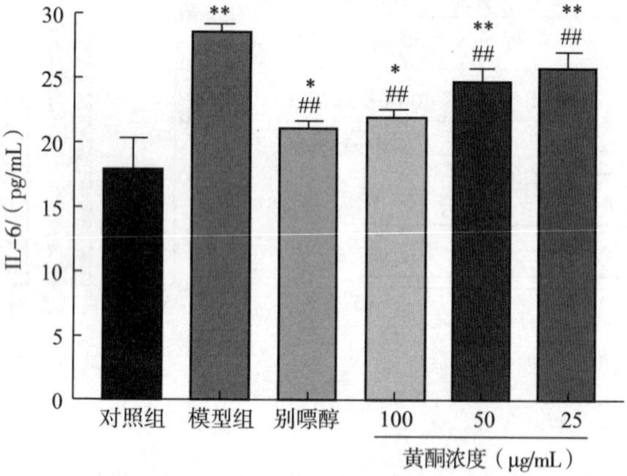

图 14-7　不同浓度 WPF 对 HK-2 细胞 IL-6 的影响

注　＊表示与对照组比较；#表示与模型组比较。＊和#表示差异显著（$P<0.05$）；＊＊和##表示差异极显著（$P<0.01$）。

14.5.2　核桃青皮总黄酮对 HK-2 细胞 TNF-α 的影响

图 14-8 结果显示，与对照组比较，模型组 TNF-α 含量显著上升（$P<0.01$）。相比于与模型组，WPF 组中 TNF-α 的含量均显著减少，其中 100 μg/mL WPF 的效果最好，50 μg/mL WPF 与 25 μg/mL WPF 降低 TNF-α 含量的效果相近。这说明 WPF 的提前干预能够抑制促炎因子 TNF-α 的释放，从而有效抑制 HK-2 细胞的炎症反应。

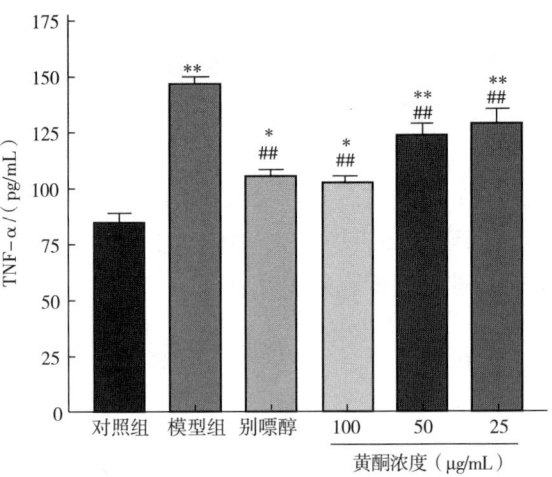

图 14-8　不同浓度 WPF 对 HK-2 细胞 TNF-α 影响

　　注　*表示与对照组比较；#表示与模型组比较。* 表示差异显著（$P<0.05$）；** 和##表示差异极显著（$P<0.01$）。

14.5.3　核桃青皮总黄酮对 HK-2 细胞 IL-10 影响

　　如图 14-9 所示，模型组的 IL-10 含量显著低于对照组（$P<0.01$）。相比于模型组，使用别嘌呤醇与 WPF 预防干预后，抗炎因子 IL-10 的含量均不同程度的升高，且均显著高于模型组（$P<0.01$）。综上所述，WPF 的提前干预有效促进了抗炎因子 IL-10 的表达，抵抗了细胞炎症反应。

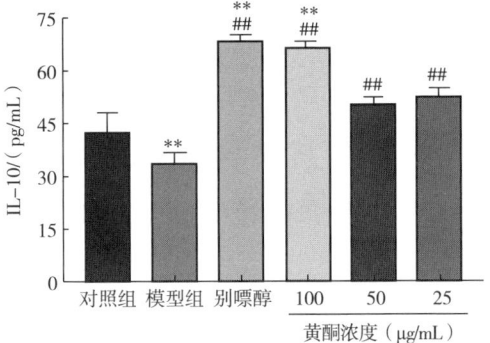

图 14-9　不同浓度 WPF 对 HK-2 细胞 IL-10 的影响

　　注　*表示与对照组比较；#表示与模型组比较。* 表示差异显著（$P<0.05$）；** 和##表示差异极显著（$P<0.01$）。

14.5.4 核桃青皮总黄酮对 HK-2 细胞 TGF-β1 的影响

由图 14-10 可知，模型组抗炎因子 TGF-β1 的释放显著高于对照组（$P<$ 0.05）。相比于模型组，低剂量（25 μg/mL）WPF 组的 TGF-β1 因子含量下降，说明低剂量的 WPF 不能够促进 TGF-β1 的释放，抑制炎症发生。而中、高剂量的 WPF 组与阳性对照组中 TGF-β1 的含量均显著高于对照组，证明中、高剂量的 WPF 能够抑制细胞炎症反应。

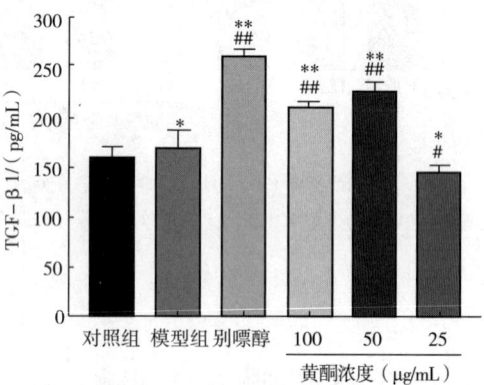

图 14-10　不同浓度 WPF 对 HK-2 细胞 TGF-β1 的影响

注　*表示与对照组比较；#表示与模型组比较。*和#表示差异显著（$P<0.05$）；**和##表示差异极显著（$P<0.01$）。

综上所述，核桃青皮总黄酮能够通过降低促炎因子 IL-6、TNF-α 的产生，促进 HK-2 细胞抗炎因子 IL-10、TGF-β1 的释放，具有改善高尿酸血症引起的细胞炎症损伤作用。

14.6　核桃青皮总黄酮对 HK-2 细胞氧化损伤的保护作用

HK-2 细胞用药并建立模型后，收集细胞。取细胞沉淀加入 200 μL PBS 缓冲液，利用超声波细胞破碎仪对细胞进行破碎，离心后取上清液，并将上清液稀释 20 倍，用于测定氧化指标。

14.6.1　核桃青皮总黄酮对 HK-2 细胞 SOD 的影响

如图 14-11 所示，模型组所表达的 SOD 浓度显著低于对照组（$P <$ 0.01），证明 HK-2 细胞氧化损伤模型建立成功。与模型组比较后，发现所有剂量的 WPF 组 SOD 表达均有所增加，且显著。其中，除阳性对照组外，高剂量（50 μg/mL）WPF 组效果最好。

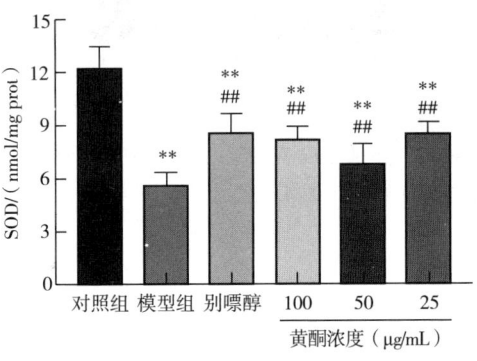

图 14-11　不同浓度 WPF 对 HK-2 细胞 SOD 的影响

注　*表示与对照组比较；#表示与模型组比较。**和##表示差异极显著（$P < 0.01$）。

14.6.2　核桃青皮总黄酮对 HK-2 细胞 CAT 的影响

过氧化氢酶（CAT），是一种能够分解过氧化氢的酶，将过氧化氢分解成水和氧气，有效避免过氧化氢对机体造成损害。据图 14-12，相比于对照组，模型组的 CAT 水平显著降低（$P < 0.01$），证明 HK-2 细胞氧化损伤模型成功建立。预防组 WPF 在 25 μg/mL 和 50 μg/mL 时，CAT 含量相比于模型组几乎无变化；而高剂量（100 μg/mL）WPF 组显著高于模型组，且接近正常，表明在高剂量 WPF 提前干预下，能够促进细胞 CAT 释放。

14.6.3　核桃青皮总黄酮对 HK-2 细胞 GSH-PX 的影响

根据图 14-13 结果分析得，与对照组相比较，模型组的 GSH 含量显著下降（$P < 0.01$），WPF 组释放的 GSH-Px 含量均显著高于模型组，且呈剂量依赖关系；当 WPF 浓度为 100 μg/mL 时，细胞内 GSH-Px 含量最高，且接近阳性对照组与对照组。

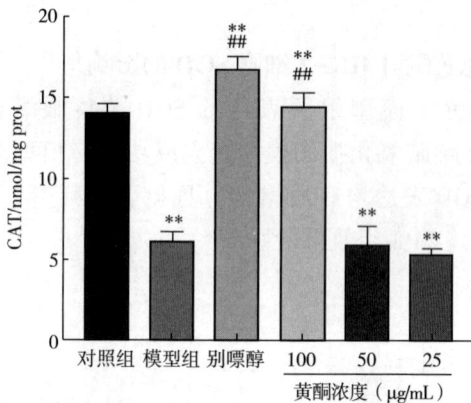

图 14-12　不同浓度 WPF 对 HK-2 细胞 CAT 的影响

　　注　*表示与对照组比较；#表示与模型组比较。*表示差异显著（P<0.05）；**和##表示差异极显著（P<0.01）。

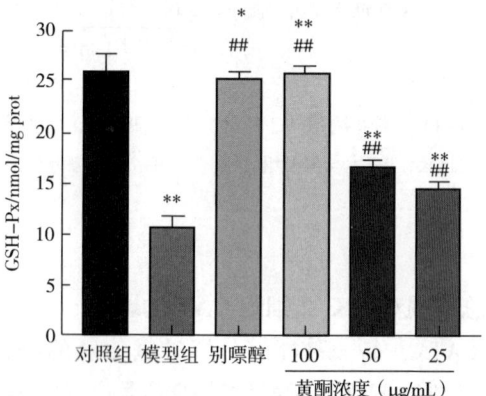

图 14-13　不同浓度 WPF 对 HK-2 细胞 GSH-PX 的影响

　　注　*表示与对照组比较；#表示与模型组比较。*表示差异显著（P<0.05）；**和##表示差异极显著（P<0.01）。

14.6.4　核桃青皮总黄酮对 HK-2 细胞 MDA 的影响

　　根据图 14-14，模型组 MDA 的含量比对照组显著升高（P<0.01），表明细胞受到了严重的氧化损伤。与模型组相比，三个剂量的 WPF 组均显著降低了细胞 MDA 的分泌（P<0.05）。其中，高剂量 WPF 组（100 μg/mL）效果最好。因此，WPF 的提前干预，能够抑制 MDA 的释放。

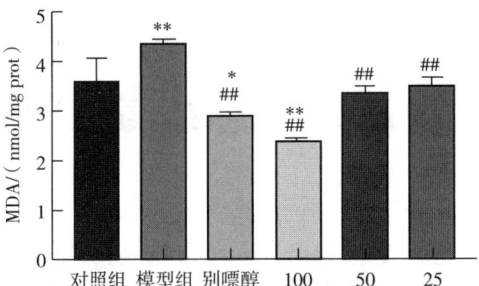

图 14-14 不同浓度 WPF 对 HK-2 细胞 MDA 的影响

注 * 表示与对照组比较；#表示与模型组比较。* 表示差异显著（$P<0.05$）；** 和##表示差异极显著（$P<0.01$）。

第 15 章　总结与展望

本篇以核桃青皮总黄酮作为研究对象，摒弃传统的提取方法，采用超声波辅助乙酮提取技术提取核桃青皮总黄酮，得到最优提取工艺，并对所提取的核桃青皮总黄酮进行纯化，对纯化后的总黄酮进行结构表征、体外抗氧化活性、体外抑菌活性以及体外降尿酸活性的研究，为核桃青皮黄酮的开发与利用提供数据支撑。总结如下：

通过对比乙醇/水冷浸提取法、乙醇/水热回流提取法、超声辅助乙醇/水提取法对核桃青皮总黄酮的提取率，表明超声辅助乙醇提取法对总黄酮提取效果最佳。

在单因素实验基础上，采用响应面法优化超声辅助乙醇提取法提取核桃青皮总黄酮的最佳工艺条件为：乙醇体积分数 50.52%、超声温度 80.19 ℃、超声时间 47.01 min，核桃青皮总黄酮提取率达 52.45 mg/g。为符合实际工艺操作，以乙醇体积分数 51%、超声温度 80 ℃、超声时间 47 min 对最佳提取工艺进行验证，得出核桃青皮总黄酮提取率为 52.53 mg/g，与软件设计结果基本吻合。

通过筛选大孔树脂，探究上样浓度、上样流速、乙醇体积分数和洗脱流速以确定最佳纯化条件，即上样浓度 4 mg/mL、上样流速 3 BV/h、乙醇体积分数 70%、洗脱流速 2 BV/h 条件下，总黄酮纯化效果最佳，样品回收率为 84.45%，总黄酮纯度达 81.10%。纯化后的 WPF 含有 5 种主要的黄酮类化合物，分别为：圣草酚-7-O-β-D-吡喃葡萄糖醛酸苷乙酯（eriodictyol-7-O-β-D-glucuronide ethyl ester）、五羟基黄酮-3-鼠李糖苷（myricetin-3-rhamnoside）、槲皮素-3-O-α-L-阿拉伯吡喃糖苷（quercetin 3-O-α-L-arabinopyranoside）、7,7″-二羟基-6,6′-二甲氧基-3,3′-双香豆素（7,7″-dihydroxy-6,6′-dimethoxy-3,3′-biscoumarin）、矢车菊素-3-O-葡萄糖苷（cyanidin-3-O-glucoside）；WPF 在 3402.8 cm^{-1}，1453.73 cm^{-1} 和 1379.45 cm^{-1}，1112.05 cm^{-1} 和 1070.45 cm^{-1} 处均存在强吸收峰，证明该物质是黄酮类化合物。WPF 结晶性能差，结构稳定，以无晶型结构存在，当温度达到 200 ℃ 时，才会出现质量损失。同时，实验所得黄酮样品具有较强的自由基清除能力、铁离子还原能力以及良好的抗菌抑菌活性。

在腺苷浓度为 2.5 mmol/L、细胞密度为 3.0×10^5 个/孔、XOD 浓度为 0.5 U/mL 的条件下，建立 HK-2 细胞高尿酸血症模型。纯化所得黄酮对 HK-2 细胞无毒副作用，当 WPF 浓度分别为 25 μg/mL、50 μg/mL 和 100 μg/mL 时，细胞存活率接近 100%。WPF 对 HK-2 细胞降尿酸的结果表明，高剂量组 (100 μg/mL) WPF 降尿酸效果最好。取细胞上清液与细胞匀浆测定 HK-2 细胞的炎症指标（IL-6、TNF-α、IL-10、TGF-β1）与氧化指标（SOD、CAT、GSH-PX、MDA），结果表明 WPF 的提前预防，能够抑制细胞的炎症反应，降低氧化损伤，WPF 对高尿酸血症引起的 HK-2 细胞炎症损伤起到一定的预防保护作用。

本研究从减少资源浪费，将核桃青皮变废为宝的理念出发，采用超声辅助乙醇提取法提取核桃青皮总黄酮，并得到优化后的提取工艺。通过对纯化后的核桃青皮总黄酮进行结构表征，明确了核桃青皮总黄酮成分以及结构性质。采用 HK-2 细胞模型探究核桃青皮总黄酮对高尿酸血症的预防保护作用。但高尿酸血症病因及发病机制复杂，关于核桃青皮总黄酮对高尿酸血症的体内及体外预防保护作用有待进一步探究。

本研究首次采用乙醇/（NH₄）₂SO₄ 双水相法提取核桃青皮总黄酮，得到优化后的提取工艺。通过对纯化后的核桃青皮总黄酮进行结构表征，明确黄酮成分及结构性质。采用 HK-2 细胞模型探究核桃青皮总黄酮对高尿酸血症的预防保护作用。针对核桃青皮黄酮的研究，未来可从以下方面进行深入研究。

1）当前乙醇/（NH₄）₂SO₄ 体系虽实现 82.53mg/g 得率，但盐析剂的用量较大，可以开发更绿色环保的盐析剂，以解决盐残留问题。

2）对结构—活性关系进行深度解析，重点研究圣草酚-7-O-葡萄糖醛酸苷乙酯（抗氧化）与矢车菊素-3-O-葡萄糖苷（抗炎）的构效关系，通过分子对接验证其与黄嘌呤氧化酶的结合能，阐明核桃青皮黄酮降尿酸的分子基础。

3）开发功能性食品，将核桃青皮黄酮纯化产物与其他活性物质（如益生元）复配，开发调节肠道菌群的固体饮料。结合"药食同源"理论，开发核桃青皮—紫苏复合保肝护肾保健品。

参考文献

［1］ 吴文滔，赵霞，李高宇等．响应面法优化蓝鸟睡莲总黄酮提取工艺及抗氧化活性分析 ［J/OL］．分子植物育种，1-21［2025-03-26］.

［2］ OROIAN M，URSACHI F，DRANCA F. Ultrasound-assisted extraction of polyphenols from crude pollen ［J］. Antioxidants（Basel），2020，9（4）：322.

［3］ 林泽华．侧柏叶黄酮和多糖分离纯化、结构表征及活性评价 ［D］．广州：华南理工大学，2016.

［4］ 刘威良，高秀，徐晴芳，等．超声辅助提取火棘干果总黄酮及体外抗氧化研究 ［J/OL］．甘肃农业大学学报，1-16［2025-03-26］.

［5］ 杜国军，洪婉婷，李占锋，等．大孔树脂吸附法纯化酸枣仁总黄酮的工艺研究 ［J］．中国调味品，2024，49（1）：100-106.

［6］ 郭嘉栋．败酱草总黄酮提取及体内外抑菌效果观察 ［D］．阿拉尔：塔里木大学，2024.

［7］ Gong Y H，Chen X R，Wu W. Application of fourier transform infrared（FTIR）spectroscopy in sample preparation：Material characterization and mechanism investigation ［J］. Advances in Sample Preparation，2024.

［8］ 向思颖，鲁治宇，张硕，等．超声辅助天然低共熔溶剂提取柚皮总黄酮及其抗氧化活性评价 ［J］．粮食与油脂，2024，37（8）：78-84.

［9］ 李娜，燕平梅，乔宏萍，等．南瓜果实黄酮提取工艺条件优化及其抗氧化性研究 ［J］．中国调味品，2020，45（8）：24-30.

［10］ 冯茜，王宇欣，卜鑫瑞，等．超声辅助乙醇提取核桃青皮总黄酮及纯化工艺 ［J］．林业工程学报，2024，9（6）：106-113.